中国新能源电池
回收利用产业发展报告
（2022）

中国工业节能与清洁生产协会
新能源电池回收利用专业委员会 编著

U0257248

DEVELOPMENT REPORT OF
CHINA NEW ENERGY BATTERY
RECYCLING INDUSTRY
（2022）

机械工业出版社
CHINA MACHINE PRESS

本报告坚持专业与通俗并重、定性与定量结合，综合阐述了我国新能源电池及回收利用全产业链的发展现状。首先，以新能源汽车国家监测与动力蓄电池回收利用溯源综合管理平台数据为依据，从大数据研究视角，全面总结了我国新能源电池从上游原材料端到中游应用端，再到下游回收端的全产业链发展情况；其次，通过案头分析及行业调研，全面梳理了我国新能源电池回收利用产业的政策举措、标准体系，回收利用各环节的先进技术路线和创新工艺发展现状及趋势；最后，结合行业专家前瞻观点及我国典型地区、优秀企业在新能源电池梯次利用、再生利用领域试点示范采取的发展路径和取得的推广成果，为新能源电池回收利用行业发展提供借鉴经验。

综合来看，本报告系统、完整、深入地分析了我国新能源电池回收利用产业的发展现状及存在的问题，聚焦当前新能源电池回收利用发展短板，精准发力，提出有建设性的产业发展建议，可为政策决策、行业研究、企业发展提供重要参考。

图书在版编目（CIP）数据

中国新能源电池回收利用产业发展报告.2022 / 中国工业节能与清洁生产协会新能源电池回收利用专业委员会编著 . — 2版 . — 北京：机械工业出版社，2022.12
ISBN 978-7-111-72224-3

Ⅰ.①中…　Ⅱ.①中…　Ⅲ.①新能源-汽车-蓄电池-综合利用-产业发展-研究报告-中国-2022　Ⅳ.①X734.2

中国版本图书馆CIP数据核字（2022）第235550号

机械工业出版社（北京市百万庄大街22号　邮政编码100037）
策划编辑：王　婕　何士娟　　责任编辑：王　婕　何士娟
责任校对：郑　婕　张　薇　　责任印制：单爱军
北京虎彩文化传播有限公司印刷

2023年1月第2版第1次印刷
169mm × 239mm · 13.75印张 · 222千字
标准书号：ISBN 978-7-111-72224-3
定价：168.00元

电话服务　　　　　　　　网络服务
客服电话：010-88361066　　机　工　官　网：www.cmpbook.com
　　　　　010-88379833　　机　工　官　博：weibo.com/cmp1952
　　　　　010-68326294　　金　书　网：www.golden-book.com
封底无防伪标均为盗版　　机工教育服务网：www.cmpedu.com

中国工业节能与清洁生产协会
新能源电池回收利用专业委员会介绍

　　中国工业节能与清洁生产协会新能源电池回收利用专业委员会（以下简称专委会）是经中国工业节能与清洁生产协会批准，由相关企业、高等院校、科研院所、社会团体等单位参加的全国性、跨行业、非营利组织。中国工业节能与清洁生产协会业务上接受工业和信息化部节能与综合利用司的指导，专委会在中国工业节能与清洁生产协会的领导下开展新能源电池回收利用相关工作，作为政府与企业的桥梁和纽带，致力于为政府当好参谋，为行业搭好平台，为企业做好服务。主要业务范围包括：

　　根据国家相关产业政策和法律法规，引导、培育行业创新发展、公平竞争、服务市场的健康行为；受政府相关部门委托，研究提出行业发展规划、产业发展政策建议；提出产业准入规范的相关意见和建议等；组织和承担行业重大、重点问题的调查研究，提出推动新能源电池回收利用产业持续健康发展的政策措施建议；促进产学研联合，推动新能源电池全生命周期产业链发展；推动行业标准化体系建设，组织标准项目的制定、修订和实施；基于新能源汽车国家监测与动力蓄电池回收利用溯源综合管理平台，组织开展行业大数据的采集、统计、数据处理、分析等整理工作，建立向社会公开发布的制度，推动和促进新能源电池回收利用领域技术创新和产业化建设；组织和承担新能源电池回收利用领域的政策宣贯、展览展示、技术交流、人才交流、业务培训、科技成果鉴定与推广应用等活动；组织会员及相关单位围绕新能源电池回收利用领域，开展国际经济技术交流与合作等。

　　专委会坚持创新、协调、绿色、开放、共享发展理念，贯彻落实《中华人民共和国清洁生产促进法》等相关法律法规，为政府相关部门在发展战略、规划、政策等方面做好支撑，为行业企业的发展竭尽所能做好服务。协调组织产业开发关键共性技术，推动构建新能源电池回收利用产业链及体系，促进行业持续健康发展。

编 委 会

前言

2021 年是"十四五"开局之年，推动"十四五"时期经济社会发展全面绿色转型，对于建设生态文明和美丽中国、实现碳达峰碳中和目标具有十分重要的意义和作用。当前，牢牢把握新能源汽车、电化学储能及电动船舶等产业蓬勃发展的良好开端，可进一步推动我国新能源电池产业发展走在全球前列，也为我国电池回收利用产业提供了发展机遇。

开展新能源电池回收利用，提高资源综合利用效率，对推进绿色低碳循环发展、保障资源供给安全具有重要意义。在工业和信息化部等部委的大力支持下，在各地方主管部门的有力推动下，在各相关企业的积极参与下，我国新能源电池回收利用产业在"十四五"开局之年取得了新成效、展现了新气象。梯次利用管理要求进一步明确，管理制度体系逐步完善；多项国家标准落地实施，行业标准体系建设稳步推进；地方属地监管进一步加强，溯源管理能力持续增强；多元回收模式逐步建立，回收利用体系加快构建。

由中国工业节能与清洁生产协会新能源电池回收利用专业委员会撰写的《中国新能源电池回收利用产业发展报告（2022）》，重点聚焦新能源电池产业及回收利用产业的发展概况、政策法规、技术创新及成果借鉴等多个方面，并邀请十余位行业专家对产业热点问题进行精彩评述，系统、完整、深入地分析了我国新能源电池回收利用产业的发展现状及存在的问题，为政策决策、行业研究、企业发展提供重要参考。

本年度报告涵盖内容更加丰富，聚焦热点、亮点鲜明：

一是系统总结产业良好成效，问题导向破解发展短板。本年度报告系统总结了我国新能源电池回收利用产业发展取得的良好成效，并进行问题剖析，阐明了我国新能源电池回收利用产业在政策举措、标准体系、回收体系、技术瓶颈及定价机制等领域存在的问题，聚焦当前新能源电池回收利用发展短板，精准发力，提出有建设性的产业发展建议。

二是关注行业发展热点问题，充分发挥专家智库作用。本年度报告增设专家视点一章，围绕技术发展趋势、政策导向、发展及商业模式等几个方面，收录十余位行业专家的精彩评述，为广大行业人士提供学习参考的平台。

三是结合独有数据资源优势，深入分析产业发展全貌。依托新能源汽车国家监测与动力蓄电池回收利用溯源综合管理平台（以下简称国家溯源管理平台）的数据资源优势，结合精准预测模型的构建能力，本年度报告从大数据研究视角，系统性、多方面地总结我国新能源电池（包括新能源汽车动力电池、储能电池及电动自行车电池等）从上游原材料端到新能源汽车国家监测与管理平台（以下简称国家监管平台）中游应用端，再到下游回收端的全产业链发展情况。同时，结合国家监管平台单车运行数据，基于大数据的开发技术，构建退役预测和状态评估模型，对新能源汽车动力电池进行精准化残值评估和退役预测。

四是聚焦关键技术发展趋势，保障产业健康高效发展。本年度报告全面梳理预处理、梯次利用及再生利用先进技术路线及创新工艺流程，总结研判回收利用各环节关键技术发展趋势。预处理技术趋向智能化、精准化和无害化；梯次利用技术仍需加快突破，促进商业化应用落地；再生利用工艺处于全球领先水平，重点攻关短程高效回收技术。

五是深度总结典型代表经验，发挥龙头企业积极作用。本年度报告通过深入剖析我国典型地区及优秀企业在新能源电池梯次利用、再生利用领域试点示范采取的发展路径和取得的推广成果，给予新能源回收利用行业发展借鉴经验，为产业健康可持续发展提供有益参考。

《中国新能源电池回收利用产业发展报告（2022）》的出版，离不开行业专家、合作伙伴的支持。在报告的编撰过程中，新能源汽车国家监测与动力蓄电池回收利用溯源综合管理平台、新能源汽车国家监测与管理平台、新能源汽车国家大数据联盟、北京理工大学电动车辆国家工程研究中心、湖南省新能源汽车动力蓄电池回收利用产业联盟、河北省节能协会资源综合利用委员会、北京亿维新能源汽车大数据应用技术研究中心、中国汽车技术研究中心有限公司、中国北方车辆研究所、富奥智慧能源科技有限公司、蓝谷智慧（北京）能源科技有限公司、上汽通用五菱汽车股份有限公司、重庆弘喜汽车科技有限责任公司、上海伟翔众翼新能源科技有限公司、河南利威新能源科技有限公司、武汉蔚能电池资产有限公司、杭州安影科技有限公司、安徽巡鹰动力能源科技有限公司、南通北新新能科技股份有限公司、福建常青新能源科技有限公司的管理者、专家和相关学者给予了很大支持和帮助，在此表示诚挚的谢意！

希望本报告能够为政府部门、新能源电池产业链上下游企业、行业机构、科研院所和广大读者提供丰富的基础信息和重要的参考价值。由于作者经验水平有限，报告中难免存在疏漏和不足，敬请各位专家、读者予以批评指正！

中国工业节能与清洁生产协会

新能源电池回收利用专业委员会

目录

第1章　总报告

第 2 章　产业发展

第 3 章　数据应用

第**4**章 政策法规

第**5**章 技术创新

第 **6** 章 成果借鉴

第 **7** 章 专家视点

第 1 章　总报告

1.1 新能源电池行业发展现状

1.1.1　政策环境持续优化，产业快速发展得到有效保障

2020 年，我国做出"力争 2030 年前实现碳达峰、2060 年前实现碳中和"的重大承诺，并将"双碳"目标纳入生态文明建设整体布局。从我国产业结构和能源结构来看，发展新能源产业是降低碳排放、实现碳中和的重要驱动力，其中新能源汽车、电化学储能等产业已成为发展新动能。近年来，国家层面不断强化政策支持，接连发布多项政策举措，为新能源产业快速发展提供有效保障。

新能源汽车领域，《新能源汽车产业发展规划（2021—2035 年）》（国办发〔2020〕39 号）明确我国新能源汽车未来 15 年的发展愿景。《国民经济和社会发展第十四个五年规划和 2035 年远景目标纲要》中提到聚焦新一代新能源汽车等战略性新兴产业，加快关键核心技术创新应用，增强要素保障能力，培育壮大产业发展新动能。2021 年 7 月的中共中央政治局会议提到"要挖掘国内市场潜力，支持新能源汽车加快发展"。2021 年政府工作报告中明确提出"加快建立动力电池回收利用体系"，动力电池回收利用被纳入《"十四五"

循环经济发展规划》（发改环资〔2021〕969 号）和《"十四五"工业绿色发展规划》（工信部规〔2021〕178 号）中。另外，国家层面也协调相关部门和地方政府在破除限购限行壁垒、保障基础设施建设、开展换电模式推广等方面给予支持。一系列决策部署，为推动我国新能源汽车产业发展指明了方向，提供了指南。

储能领域，《关于促进储能技术与产业发展的指导意见》（发改能源〔2017〕1701 号）提出到 2025 年，储能电池产业实现规模化发展，形成较为完整的产业体系，成为能源领域经济新增长点。《关于加快推动新型储能发展的指导意见》（发改能源规〔2021〕1051 号）提出坚持储能技术多元化，推动锂离子电池等相对成熟新型储能技术成本持续下降和商业化规模应用。《"十四五"新型储能发展实施方案》（发改能源〔2022〕209 号）提出到2025 年，新型储能由商业化初期步入规模化发展阶段，电化学储能技术性能进一步提升。

这一系列大力支持新能源汽车及储能等领域发展的相关政策均为新能源电池产业以及下游应用市场提供了有效保障，为我国电池产业的发展营造了良好的发展环境。

1.1.2 市场需求持续旺盛，电池产业规模增长态势显著

随着新能源汽车、电化学储能等产业规模的快速扩大，我国新能源电池迎来高速发展新阶段，市场需求持续旺盛。目前，中国已成为全球最大的锂电池消费市场，全球领先地位得到巩固，其中新能源汽车动力电池是最大的消费市场，储能电池增速最快，或将成为下一个增长动力。

新能源汽车方面，经过多年培育，我国新能源汽车发展取得了积极成效。2021 年，新能源汽车产销分别完成 354.5 万辆和 352.1 万辆，呈现爆发式增长态势，带动动力电池市场规模延续快速增长趋势，2021 年，新能源汽车领域动力电池装机量达到 154.5GW·h。新能源汽车是我国当前锂电池消费的最大市场，新能源汽车动力电池装机量全球占比也超过 50%（图 1-1）。消费电子终端产品方面，随着新兴 5G 技术商业应用领域逐步扩大，消费类电子产品市场始终保持稳定增长趋势，对新能源电池的需求也保持稳中有升态势。电动自行车方面，在 GB 17761—2018《电动自行车安全技术规范》的要求下，在消费升级、技术提升、绿色出行环保要求等因素共同促进下，2021 年锂电

电动自行车销量占比提升已超过 20%。储能领域，密集出台的环保政策推动国内电力储能项目大幅增多、可再生资源电力系统建设快速增长、储能电池成本持续下降等因素带动储能市场规模大幅增长。

　　未来，碳排放管理标准趋严及电池技术加速进步促使新能源汽车发展持续向好，能源转型背景下加速带动储能需求快速增长，电化学储能也将在更多融合性场景下发挥作用，消费升级及环保要求继续推动电动自行车中锂电应用比例扩大。多种因素叠加下，多方面市场需求为我国新能源电池产业提供了广阔的发展空间，我国新能源电池产业规模将持续增长。

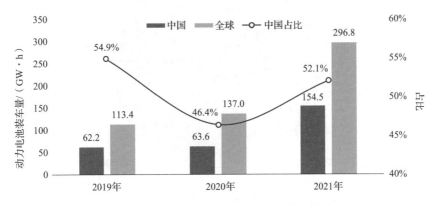

图 1-1　2019 —2021 年全球及我国动力电池装机量（GW·h）
数据来源：中国动力电池产业创新联盟。

1.1.3　市场竞争日益加剧，头部企业引领作用持续加强

　　全球动力电池市场中参与企业众多，竞争较为激烈。2021年，以宁德时代、比亚迪、中创新航、国轩高科为代表的骨干企业持续扩产，加快突破无模组电池包技术（CTP）、刀片电池及从卷芯到模组的集成技术（JTM）等新技术；LG 新能源、松下等跨国企业加速开拓中国市场，全球动力电池市场竞争更加激烈，市场集中度较高。2021年，动力电池装机量前五和前十的企业占比分别达到 79.5% 和 91.2%（图 1–2）。

　　中国动力电池产业和市场的崛起也培育出具有全球竞争力的领先企业。2021 年全球动力电池装机量前十企业中，中国企业占据 6 席，体现了我国电池企业强大的生命力和创新力，同时头部电池企业具备全球供应能力及供应链储备能力，行业引领作用持续加强，龙头效应明显，国内已形成一定的竞争格局。其中，宁德时代在中国市场份额接近 50%，一家领跑的竞争态势仍在持续，宁德时代在磷酸铁锂电池和三元电池两方面同时发力，为特斯拉、蔚来汽车、小鹏汽车、吉利汽车、一汽大众等企业提供配套电池，具有较强的市场竞争力。比亚迪推出性能出众的刀片电池，加速提升产能，并开始向外销售动力电池，比亚迪装机量市场份额已提升至16.8%（图1-3）。

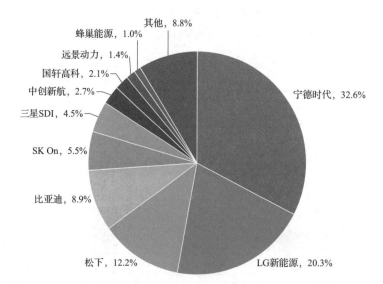

图1-2　2021年全球动力电池装机量前十企业占比

数据来源：SNE Research。

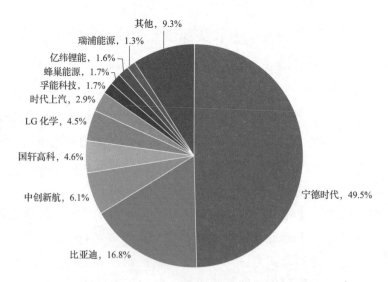

图1-3　2021年中国动力电池装机量前十企业占比

数据来源：高工锂电。

1.1.4　关键技术持续突破，多元市场需求驱动技术创新

面对新能源电池装机需求的持续增长，我国新能源电池供给端企业积极研发并布局各项创新技术，为推动行业发展提供关键支撑。

目前来看，我国动力电池的关键技术在材料创新和结构创新方面不断突破，并实现示范应用。前者是在化学层面对电池材料进行探索，以提高单体电池性能和降低成本，后者是在物理层面对"电芯 - 模组 - 电池包"进行结构优化，以提高电池包能量密度和降低成本。

材料创新方面，在电解液方向上，不断降低电解液含量向固态电池发展已成为行业共识，产业链上的锂电企业及整车企业都积极增加研发投入以布局固态电池技术，目前行业进度处于半固态向全固态发展的阶段。在正极材料方面，高镍去钴是电池能量密度进一步提升以及降低成本的有效方式；在负极材料方面，硅碳负极可提升电池能量密度，将成为未来材料升级的方向。

结构创新方面，CTP（Cell to Pack）技术直接将电芯集成在电池包上，简化模组结构，使得电池包体积效率提高 15%~20%，零部件数量减少 40%，生产效率提升 50%。CTC（Cell to Chassis）技术进一步加强电池系统与电动汽车动力系统、底盘的集成，减少零部件数量，节省空间，提高结构效率，大幅度降低车重，增加电池续驶里程，特斯拉及零跑都已率先公布 CTC 方案，比亚迪、宁德时代等也在加速布局。比亚迪在刀片电池和 e 平台 3.0 基础上发布了 CTB（Cell to Body）电池车身一体化技术，扩展电动汽车的性能边界，实现了安全性、操控性、舒适性上的全面进化。多方面的技术创新应用促进我国新能源汽车产品性能持续提升。

另外，不同应用领域对电池性能的需求不同，多元化需求也在加速技术的创新。新能源汽车领域对能量密度、充电倍率、寿命及一致性需求较高，固态电池或将在未来实现商业化应用。储能领域对成本的敏感性较高，同时在产品一致性和寿命要求方面也具有较高的要求，未来或将采用钠离子电池。快充、长续驶里程、体积能量密度和充放电倍率则是消费类电池重点关注的特性，3C 电池中高镍三元市场份额将逐步提升，电动自行车配套锂电池替代铅酸电池或将成为主流技术。

1.1.5 供需失衡短期突出，原材料与回收价格并进高涨

从供给端来看，受限于资源储量以及开采技术，我国锂、镍、钴资源对外依存度处于较高水平，同时为争取矿产资源控制权和利益，多国开始对锂矿开采设立门槛，限制矿产资源出口；疫情防控及地区冲突等不确定因素对动力电池主要原材料生产国的正常生产节奏产生显著影响，也对全球交通运力造成较大影响，造成原材料供应不足。另外，原材料与动力电池扩产周期明显不匹配，据相关调研数据显示，中游原材料扩产周期平均在 1~2 年，下游动力电池扩产周期平均在 0.5~1 年，而上游扩产周期平均在 3~5 年，原材料与动力电池扩产供需错配时间拉长。从需求端来看，近年来全球电动化势不可挡，电动汽车交付量不断创下新高，新能源汽车发展带动锂电池消费，储能电池和消费类电池的需求量也在不断上升，新能源电池供不应求的局面日益凸显，短期供需失衡矛盾仍比较突出。

2021 年以来，随着新能源产业链发展的全面提速和升级，动力电池需求量快速上涨，促进锂、镍等金属材料的应用需求稳定增长，直接导致电池原材料价格大幅上涨。例如，锂电池最为关键的正极材料——碳酸锂，在 2022 年 3 月成交价已达到 50 万元/t，较 2021 年同期增长超 5 倍，创历史新高，电池生产厂商和汽车制造厂商都面临着巨大的成本压力。与此同时，退役动力电池回收利用被市场认为是资源补充的可行手段，由于上游原材料价格屡创历史新高，导致锂、镍、钴等材料的回收价格大幅飙升，涨幅甚至超过新材料价格，折扣系数由正常水平 60% 提升至 130%~140%，这并不利于行业健康发展，新能源产业链上下游受到严峻挑战。

1.2 新能源电池回收利用行业发展现状

1.2.1 加强顶层规划，建立完善管理制度体系

近年来，动力电池回收利用系列管理政策相继出台，管理制度不断完善。2018 年，工业和信息化部会同有关部门发布实施《新能源汽车动力蓄电池回收利用管理暂行办法》（工信部联节〔2018〕43 号）等政策，按照生产者责

任延伸制度和全生命周期理念要求，建立回收利用管理机制，对动力电池设计生产及回收责任主体、综合利用、监督管理等方面做出详细规定。此后，《新能源汽车动力蓄电池回收利用试点实施方案》（工信部联节函〔2018〕68 号）、《新能源汽车动力蓄电池回收利用溯源管理暂行规定》（中华人民共和国工业和信息化部公告 2018 年第 35 号）等政策相继发布实施，我国动力电池回收利用管理制度框架基本形成。

2019 年，工业和信息化部继续完善管理制度，与上阶段形成较好的政策衔接，发布实施《新能源汽车动力蓄电池回收服务网点建设和运营指南》（中华人民共和国工业和信息化部公告 2019 年第 46 号），修订发布《新能源汽车废旧动力蓄电池综合利用行业规范条件（2019 年本）》及公告管理办法（中华人民共和国工业和信息化部公告 2019 年第 59 号），细化梯次及再生利用企业的相关规定，并强化环保、安全等要求。

2020 年至今，工业和信息化部进一步完善管理制度体系，并推动管理政策落地实施。2021 年 8 月，工业和信息化部会同有关部门印发《新能源汽车动力蓄电池梯次利用管理办法》（工信部联节〔2021〕114 号），进一步明确、细化了梯次利用企业和梯次产品的管理要求，提出梯次利用企业应履行生产者责任，落实溯源管理，同时提出建立梯次产品自愿性认证制度。为进一步强化各地方的属地监管责任，2021 年 3 月，工业和信息化部下发《关于开展新能源汽车动力电池回收利用监测工作的通知》，要求建立本地区动力电池回收利用动态监测报告制度。至此，我国形成了"顶层制度 - 溯源管理 - 行业规范 - 试点示范 - 事中事后监管"的常态化工作机制，动力电池回收利用管理制度体系基本构建，推动我国动力蓄电池回收利用产业规范发展。

1.2.2　强化引领作用，支持推动构建标准体系

自 2017 年起，我国先后发布产品规格尺寸、包装运输规范、余能检测、材料回收要求等国家标准，2021 年重点发布梯次利用要求、梯次利用产品标识、放电规范等国家标准，并稳步推进回收处理报告编制规范及可梯次利用设计指南等多项标准的预研工作，在规范安全性、促进新技术应用以及协调产业发展方面发挥重要引领作用。GB 22128—2019《报废机动车回收拆解企业技术规范》明确新能源汽车回收拆解及动力电池拆卸、贮存等相关技术要求。HJ 1186—2021《废锂离子动力蓄电池处理污染控制技术规范（试行）》对废

旧动力电池处理过程提出污染控制技术要求。

2022 年 2 月，工业和信息化部退役电池回收利用行业标准化工作组经批复成立，着力围绕新能源汽车、储能、电动自行车、船舶、无人机等领域的退役电池，开展退役电池回收利用行业标准的制修订工作，逐步构建系统性标准体系，相关行业标准可重点支撑管理政策的落地实施。

1.2.3　提升监管效能，强化电池溯源管理力度

2018 年，工业和信息化部发布实施溯源管理暂行规定，要求对电池实行统一编码，为每一个电池赋予了"身份证"，并开发上线"新能源汽车国家监测与动力蓄电池回收利用溯源综合管理平台"（以下简称国家溯源管理平台），以编码为信息载体，对动力电池生产、销售、使用、报废、回收、利用等全过程进行信息采集，实现电池全生命周期信息的溯源管理。依托国家溯源管理平台，工业和信息化部构建了国家和地方两级监管机制，并分别于 2019 年发布《关于进一步做好新能源汽车动力蓄电池回收利用溯源管理工作的通知》，2021年发布《关于开展新能源汽车动力电池回收利用监测工作的通知》，要求各地方建立动态监测报告制度，进一步强化废旧动力电池来源、流向等信息的监管，强化动力电池来源可查、去向可追、节点可控的溯源监管机制。截至 2021 年底，1000 余家产业链上下游企业完成国家溯源管理平台注册，超过 800 万辆的车辆生产信息和 1100 万包电池包信息录入国家溯源管理平台。

1.2.4　探索多方联动，加快构建回收利用体系

我国一直积极推动新能源汽车生产企业落实主体责任，建立健全动力电池回收利用体系。

一是探索建立多元回收模式。我国动力电池回收利用网点数量不断增加，截至 2021 年底已建成覆盖 31 省（区、市）的 1 万余个回收服务网点，产业链上下游相关企业的参与度也在增强，以回收利用企业为龙头，带动产业链上下游开展跨区域协作，加快布局集约化回收渠道。江苏及安徽聚集省内优势资源，加快推动形成多方联动、资源共享的动力电池回收利用体系，率先启动回收利用区域中心的建设工作。同时，部分回收利用企业、第三方机构通过构建服务平台，探索建立了线上线下结合的回收模式，比如锂汇通、电池云平台等行业

服务平台，提供废旧动力电池线上交易、信息追溯、线下快速检测与安全维护、仓储代管以及物流优化等服务，与线下实体回收网络融合发展。

二是积极推进先行先试，确定在京津冀、上海等 17 个地区，以及中国铁塔 1 家中央企业开展试点，培育重点骨干企业，加强跨区域合作与产业链协同，探索可持续发展模式。

三是强化行业规范管理。截至 2021 年底，工业和信息化部已公告发布了 3 批符合《新能源汽车废旧动力蓄电池综合利用行业规范条件》的企业名单，培育符合条件的梯次利用和再生利用企业共 45 家，着力培育行业龙头企业，有序推动行业规范化发展。

1.2.5　推动技术攻关，提升行业技术创新水平

工业和信息化部会同相关部门积极支持动力电池回收利用技术创新，国内外专家学者、科研机构和企业也积极参与退役电池回收利用的技术研究，极大地提升了行业技术创新水平。预处理技术路线逐步由先放电再拆解向带电拆解、自动化和智能化转型，朝着物料精准分离、有机组分无害化处理的方向发展。梯次利用余能检测、分类重组等关键技术不断突破，加速梯次利用电池商业化应用，以比亚迪为代表的部分企业已在基站备电、储能等领域开展大量实践应用。废旧磷酸铁锂电池高值化利用、材料修复、锂元素高效提取等技术不断创新，带动我国再生利用工艺处于全球领先水平，华友钴业、格林美等企业的锂、镍、钴等金属回收率可达 92%、98%、98%；格林美开发出二步回收工艺用于磷酸铁锂低值组元的资源化和无害化处理，高效实现废旧锂离子电池中锂铁磷的低成本回收再利用；赣锋循环开发的退役三元锂电材料选择性提锂方法，得到的电池级碳酸锂纯度达到 99.5% 以上。

1.3 新能源电池回收利用行业机遇与挑战

1.3.1　行业规范发展约束不强，各责任主体未充分发挥相应作用

新能源电池的回收利用，不仅是缓解原材料供应紧张的重要手段，也是

整个产业正常运作的关键一环，但电池回收利用的市场运转和行业管理等方面仍处于起步阶段，国家有关部门针对新能源电池回收利用发布的核心政策举措约束性不强，各责任主体尚未充分发挥相应作用，相关企业准入门槛较低，规范企业监管监督力度不够。同时，由于正规渠道的回收成本和处理成本高、关键技术壁垒高等问题，行业内的部分企业处于盈利不佳的状态，导致废旧电池通过非正规渠道流入非正规市场。

1.3.2   标准体系亟需系统规划，细分领域标准难以满足行业需求

近年来，新能源电池回收利用标准发布明显加快，但结合目前整个行业的发展需求来看，当前已有标准不足以支撑行业发展需求，标准项目的立项处于补充急需标准的状态，标准建设的系统性不强，且现行标准仍未能覆盖新能源电池回收利用全生命周期全环节，亟需构建完整的、多领域的电池回收利用标准体系，各环节细分领域的标准仍有待完善。一方面，新能源电池回收利用产业的管理政策文件对行业做出规范性要求，但缺乏一定实操性，部分标准实施基础较弱，基础共性标准亟需出台。另一方面，回收、梯次、再生等环节的关键技术仍需突破，检测成本难以控制，回收利用效率仍待提升，相关急用先行标准亟需加快推进。

1.3.3   闭环回收体系有待完善，退役电池供需矛盾问题亟需解决

动力电池回收利用网点数量虽然在不断增加，产业链上下游相关企业的参与度也在增强，但整体来看，我国新能源电池回收利用体系仍存在一些问题。一是相关企业均采取自建回收网点的方式，缺乏统一规划，资源配置不合理，网点重复建设及较高的建设成本导致资源浪费、利用率较低。二是网点规范性发展有待提高，缺乏自律机制，存在通过产业链上下游信息不对称而制造差价等问题，回收利用网点在设施配置、制度流程等方面需进一步合规。三是由于退役电池分布不均、退役量等信息不能及时准确获取，使得与后续开展回收利用不能实现有效衔接。回收市场机制成熟度不高，市场尚未形成闭环的回收商业运营模式。因此，规范建设动力电池闭环回收利用体系，建立环境友好的动力电池回收利用运营环境，解决退役电池供应与需求矛盾的问题，将是今后一段时间的重点工作和方向。

1.3.4　关键技术仍需创新发展，降本增效与安全环保仍有待提升

新能源电池中含有大量可回收的高价值金属，如锂、镍、钴等，能够在一定程度上增加国内供给来源，也具有较高的经济效益，吸引了越来越多的国内外专家学者、科研机构和企业加入退役动力电池回收利用技术研究中，极大地促进了相关技术的创新应用，但动力电池品种繁多，电池构造复杂且没有固定标准，回收来源复杂，回收利用各环节的关键技术仍需继续突破，主要有以下三个方面：

一是要尽快解决效率和成本的问题。成本和盈利问题是电池回收利用所要考虑的一个关键问题，应构建合理的回收流程，做到简易、高效的执行步骤，避免不必要的回收环节。实现降本增效，需加强回收利用过程的自动化和智能化转型，结合 5G 数字化优势、大数据智能分析等先进技术，促进生产效率向上发展。

二是要重点突破梯次利用技术壁垒。由于电池运行数据缺失、相关标准缺乏、梯次利用流程多且复杂，给电池梯次利用的安全性、经济性带来挑战，其技术难点主要有寿命预测技术、重组技术和离散整合技术，动力电池一致性评估、电池重组集成技术、安全性能评价等方面的技术也不成熟。

三是要开发安全绿色环保的再生技术。电池回收利用过程中的拆解、粉碎、低温热解、萃取等环节都存在一定风险。另外，在资源回收利用中会用到强酸、强碱、有机萃取剂等多种复杂试剂，会大幅增加设备耐蚀成本、有机物处理成本及酸碱废水处理成本，进一步可能对社会环境造成一定影响。因此，应注重开发安全、绿色、环保的再生利用技术，确保安全可控前提下，降低资源再生利用对设备、环境的影响，实现绿色可持续发展。

1.3.5　定价机制建立仍显滞后，回收价格快速上涨加剧行业竞争

上游原材料价格不断提升，叠加原材料供不应求的影响，锂、镍、钴等材料的回收价格快速上涨。相关企业表示，动力电池部分材料的折扣系数已升至 100% 以上，甚至达到 130%~140%，即出现折扣系数倒挂现象。同时，原材料供应紧张引起动力电池回收利用热潮，龙头企业的业绩向好吸引更多企业快速进入电池回收利用市场，部分企业把动力电池回收利用作为企业重要战略进行布局并不断加强投资，进一步促进了回收价格持续走高。原材料

行情高涨背景下，资本市场投机炒作、囤积居奇，则进一步推高了原材料价格和回收价格。

产业链单方面暴利的局面不可持续，电池回收价格高涨或是阶段性的，但这并不利于整个行业的健康发展，将会加剧行业竞争，也反映出我国动力电池回收行业急需建立起公开透明、公正合理的评估标准和定价机制。

1.4 新能源电池回收利用行业高质量发展措施建议

1.4.1 完善顶层管理制度，为产业发展提供良好环境

1. 加大监管约束力度，压实各环节主体责任并重点加强事中事后监管

国家层面，强化顶层设计，突出政策引领作用，加强监管约束力度，并与已有政策进行良好衔接，加快制定出台《新能源汽车动力蓄电池回收利用管理办法》，进一步明确动力电池回收利用各环节的责任主体和监管要求，加大源头管控与末端治理，进一步细化企业规模、能力等要求。地方层面，重点加强事中事后监管，各有关主管部门加强联动执法，加大对企业的检查及督导力度，及时向社会公布企业履责情况，推动相关主体切实履行责任。

2. 强化标准引领作用，加快研制一批重点标准并做好标准宣贯

在保证退役电池回收利用标准紧跟政策和技术发展趋势，确保标准的时效性和适用性的基础上，协同推进国家标准、行业标准和团体标准。一方面，以解决近期及远期侧重的问题为目的，并满足新能源电池全生命周期各环节、各过程的发展需求，加快建立覆盖新能源电池回收利用全产业链的标准体系。二是坚持共性先立，急用先行原则，加快回收过程管理规范、梯次利用关键技术、大数据评估、碳减排和碳足迹及污染物防治等相关标准的研制工作，并做好标准解读、宣贯、培训等工作，加快标准应用推广。

3. 发挥溯源监管作用，建立信息共享机制，产业链上下游协同共享

充分发挥国家溯源管理平台的监管作用，会同有关部门建立信息共享机制，加强溯源协同监管，促进产业链上下游信息协同共享，保障产品性能与安全使用，也方便行业开展碳足迹核算，促进动力电池产业高质量发展；并

进一步加大新能源汽车动力电池回收利用溯源管理政策的宣贯培训力度，发挥行业协会联盟作用，指导企业及时、准确、规范上传溯源信息，切实提高企业履责能力。

1.4.2 健全回收利用体系，破解产业链回收利用难题

1. 研究建立动力电池回收利用管控联动机制，实现回收过程的数字化、智能化动态管理

加强统筹与规划，研究建立动力电池回收利用管控联动机制，推动地方主管部门开展联合执法监督检查，依托国家溯源管理平台，强化线上线下协同溯源监督管理，督促回收、梯次和再生等相关企业落实环保安全、质量管控、溯源管理等方面的责任，实现回收过程的数字化、智能化动态管理。建立回收网点准入机制，提升网点准入门槛和标准，搭建网点信息化线上运维平台，并与国家溯源管理平台联通，实现电池信息共享及网点运行监控，保障网点安全运行；持续实施废旧动力电池综合利用行业规范管理，并实行有进有出的动态管理机制，树立一批梯次和再生利用标杆企业，确保综合利用企业的规范运行。基于此构建网点及企业动态评估工作机制，规范建立退出机制，完成"建设—运维—监督"的数字化及智能化全流程把控，遏制不规范回收利用渠道的发展。

2. 研究多样化激励措施，鼓励各环节主体积极参与，创造环境友好的回收利用运营环境

研究多样化激励措施，探索建立激励机制，落实财税优惠政策，利用已有节能环保、循环经济与节能减排、转型升级等专项资金渠道，支持骨干企业示范创建；鼓励汽车生产企业采取回购、以旧换新、给予补贴等措施，提高消费者移交废旧电池的积极性。

鼓励多环节主体积极参与回收利用工作，促进形成回收利用体系良性发展，鼓励汽车生产企业、电池生产企业、报废汽车回收拆解企业及综合利用企业等通过多种形式积极参与回收利用，承担相应责任，优化回收服务网点布局及资源配置，提高网点使用效率；重点鼓励汽车生产企业参与建设回收利用网点或区域中心站（企业），密切联合上下游企业，建立自有回收系统，强化落实汽车生产企业主体责任；充分发挥行业机构、协会组织的支撑作用，

加强社会宣传，营造良好的舆论氛围，创造环境友好的回收利用运营环境。

3. 鼓励产业链共建多元回收渠道，探索发展"互联网＋回收"模式

为解决资源配置不合理、网点重复建设、网点建设成本高等问题，以及解决当前废旧电池数量少、分布地域广、批次不稳定的问题，鼓励产业链上下游企业共建共用回收渠道，建设一批集中型回收服务网点，并积极推动回收利用区域中心的建设工作；充分依托互联网平台及大数据技术，重点发展"互联网＋回收"模式，建立第三方回收服务平台，线上信息追踪、评估、交易，线下快速检测、物流优化及仓储代管，高效落实回收服务，最终实现大体量的规模化运营，最大限度地降低建设运营成本和提升回收效率。

1.4.3 加大关键技术攻关，保障产业高质量健康发展

建议国家及各地方主管部门进一步加大科研支持力度，加强产学研用深度融合，推进科研院所、高校、企业科研力量优化配置和资源共享，加快攻关回收利用全环节关键技术。

预处理技术方面，注重开发先进技术和装备，突破电池安全放电、物理精准分离、有机组分无害化脱除等关键技术瓶颈；加强自动化和智能化转型，利用 5G 数字化优势、工业互联、信息实时监控汇报，升级迭代智能决策和 AI 拆解等技术，机器智能深度学习，全局调控生产线，做好局部优化整体协调的广域布局，促进生产效率向上发展。

梯次利用技术方面，重点支持退役动力电池残值状态评估、快速无损检测、分选重组、精细化、智能化拆解等关键技术及装备的攻关和推广，并开展安全监控技术研究，建立梯次利用电池在线监控平台，通过开展不同工况下退役电池的"预警－防控－消防"的全面监控，最大限度地保障梯次利用产品储能的安全性。

再生利用技术方面，注重对有价资源高效且有选择性地浸出和提纯，提高回收率和资源再利用率；针对低值组元资源，则应考虑转向高值化产物；对于低浓度、低含量的资源，则应注重微量元素提取技术的开发，做到全组分回收，达到资源全回收利用的目标；同时重点攻关构建短程高效回收技术实现降本增效；另外，也要引导开发新型绿色环保的再生利用技术，减少或不使用强酸、强碱、有机萃取剂等试剂应用，降低资源再生利用对设备、环

境的影响。

1.4.4 创新发展商业模式，促进产业链高效闭合循环

1. 鼓励探索梯次利用新模式，支持车电分离、租赁及服务外包等模式

鼓励推广梯次利用电池，支持车电分离、租赁及服务外包等模式，即改变电池物权归属，实现电池资产的集中管理，便于后期统一管理，避免流入不规范的回收渠道，也可降低检测成本，提升经济性。从电池使用阶段来看，车电分离可以提高公共资源利用率、补能效率；从电池回收阶段来看，车电分离可以实现对电池退役条件的统一管理，可有效提升退役电池一致性，可有效降低检测分选成本，有利于后续梯次利用，同时可以提升电池移交和梯次产品生产的效率；从梯次利用阶段来说，鼓励租赁或服务外包等模式推广，降低动力电池物权分散程度，提高退役电池回收效率，也便于梯次电池统一管理。

2. 推广"废料换材料"的合作模式，有效实现降本增效

鼓励汽车生产企业与再生利用企业深度绑定，采用"废料换材料"的合作模式，形成利益共享机制，搭建良性合作平台，即利用自身具备的电池回收条件和回收渠道，高效回收废旧电池，销售给达成长期合作的再生企业或委托相关企业回收处理，最终实现废旧动力电池换取新电池生产的原材料，可以有效降低成本。

3. 鼓励产业链上下游协同合作，构建新能源电池回收绿色闭环生态圈

新能源电池回收利用具有过程复杂、涉及环节多的特点，决定了产业链上下游的协同合作将成为必然趋势。国内主流电池生产企业及回收利用企业已开展相关工作，并取得一定成效，已在行业内成为标杆企业。格林美通过建立废旧电池定向回收合作关系的方式，按照"电池回收 - 原料再造 - 材料再造 - 电池包再造 - 新能源汽车服务"的新能源全生命周期价值链开展业务布局。赣州豪鹏利用股东优势，建成了包含"生产电池 - 汽车制造 - 电池回收利用 - 电池原材料制造 - 电池生产"的动力电池回收闭环生态圈。宁德时代 2015 年收购广东邦普循环，实现了集研发、生产、销售、回收于一体的循环产业链，打造了"电池生产 - 使用 - 回收与资源再生"的生态闭环。因此，鼓励产业链上下游企业协同合作，各相关企业可通过建立战略联盟、签订战略协议等形式，

构建新能源电池回收利用绿色闭环生态圈，实现电池产品"从哪里来到哪里去"的定向路径。

1.4.5 强化内外资源保障，着力解决供需不平衡矛盾

1. 强化内部供应体系，畅通对外国际贸易渠道

目前，国家紧密出台的各项矿产资源管理政策，均提出将矿产资源上升到战略高度，积极布局战略性矿产资源，但现阶段我国新能源电池原材料对外依存度较高，新能源汽车等产业发展迅猛，带动电池市场需求强劲，电池原材料供需失衡及价格波动显著等现象突出，应加快提升国内原材料供给量，适度加大电池原材料资源的开发力度，强化内部供应体系，并畅通对外国际贸易渠道，大力拓宽境外资源合作渠道和领域，积极回收海外废旧电池，支持国内企业参与国际资源竞争和再分配，维持国内新能源电池原材料供需平衡与价格稳定，同步推进新材料、新体系动力电池的创新研发，提升关键资源利用率，为关键材料产业发展提供资源保障。

2. 构建第三方评估体系，形成公开透明、公正合理的定价交易机制

目前，我国买卖标的的价格通常按照市场调节价格由买卖双方商定，电池回收价格由于资源紧张、渠道不规范及废旧电池估值难等问题而居高不下。对于此，建议建设网络交易服务平台，构建第三方评估体系，探索线上线下结合的废旧电池残值评估技术，形成公开透明、公正合理的定价交易机制，为行业提供精准的残值评估及合理的定价指导。依托国家溯源管理平台，线上实时收集追踪动力电池运行数据及来源去向数据，并通过电池多维度性能评估算法和大数据智能分析技术，快速准确完成线上评估，输出评估结果给到线下检测系统，提升线下检测效率的同时为线下定价提供数据支撑。依据检测评估结果，制定定价导向方法，指导企业合理定价，充分发挥互联互通和互联网资源共享特性，引导产业链上下游企业强化协作，建立联合运营模式，公开或共享生命周期、电池性能、电池价格等各方面信息，解决行业定价难的问题。

第2章 产业发展

2.1 新能源电池材料行业发展情况

2.1.1 原材料市场发展情况

锂、镍、钴是新能源电池生产的核心原材料,随着新能源汽车、储能等产业的快速发展,新能源电池需求量快速上升,保障锂、镍、钴等关键材料供应对新能源相关产业的持续健康发展具有重要意义。

1. 锂材料市场发展情况

全球锂资源丰富,但分布很不均匀,目前全球已知锂资源储量约2200万t,主要集中在智利、澳大利亚、阿根廷、中国等国家(图2-1)。资源种类方面,自然界中锂资源以盐湖卤水、锂辉石、黏土、云母等形式存在,其中盐湖卤水锂资源储量最多,约占58%,其次是矿石类锂资源,约占26%。资源分布方面,盐湖锂资源主要分布于智利、阿根廷、玻利维亚与中国,占全球盐湖锂资源量的88.1%,锂辉石资源则主要分布于澳大利亚、智利,占全球锂辉石资源量的8.6%。

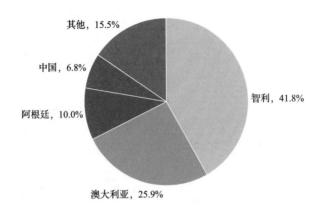

图 2-1　全球锂矿储量分布

数据来源：美国 USGS。

锂资源产量方面，2021 年全球锂矿产量约为 10 万 t（不包括美国），同比增长 21%（图 2-2）。其中，澳大利亚的 4 座锂矿，阿根廷和智利各 2 座卤水锂矿，中国的 2 座卤水锂矿以及 1 座硬岩锂矿产量位于前列。另外，巴西、中国、葡萄牙、美国和津巴布韦的小型矿山也是世界锂产量的主要来源。

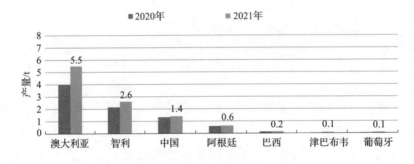

图 2-2　全球锂矿主要国家产量

数据来源：美国 USGS。

中国锂资源总量较为丰富，主要以盐湖、锂辉石和锂云母三种资源形式存在，盐湖卤水锂矿主要集中在青海、西藏、湖北等地，矿物锂矿主要分布在四川和新疆（图 2-3）。根据 USGS 统计，中国矿石与盐湖锂资源量为 2695 万 t LCE（碳酸锂当量），仅次于智利、玻利维亚、阿根廷和澳大利亚。但由于青海、西藏地区地理位置偏僻，部分盐湖资源未进行深入勘探，目前在开发的盐湖均地处青藏高原交通线沿线，具备较高的经济价值。

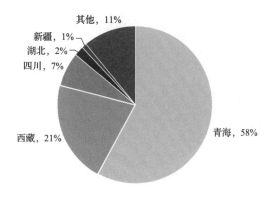

图 2-3　我国锂资源储量地区分布占比

2. 镍材料市场发展情况

镍资源方面，目前全球已知镍资源储量约 9500 万 t，主要分布在澳大利亚、印度尼西亚、巴西等国家，累计占比超六成，中国镍资源储量较低，约 280 万 t，占全球镍储量的 2.9%（表 2-1）。

表 2-1　2021 年全球镍资源储备量

国家	储备量 / 万 t	占比（%）
澳大利亚	2100	22.1
印度尼西亚	2100	22.1
巴西	1600	16.8
俄罗斯	750	7.9
菲律宾	480	5.1
中国	280	3.0
加拿大	200	2.1
其他	1990	20.9
全球	9500	100

数据来源：美国 USGS。

镍资源产量方面，2021 年全球镍矿产量为 270 万 t，创历史新高，同比增长 7.6%。从国别来看，印度尼西亚排名首位，占据了全球约 37.0% 的产量；菲律宾是全球第二大镍矿生产国，同时也是中国最大的镍原矿进口来源，占比 13.7%；俄罗斯镍矿产量排位第三，占比 9.3%；中国 2021 年镍矿产量仅有 12 万 t，占据全球镍矿产量的 4.4%（图 2-4）。

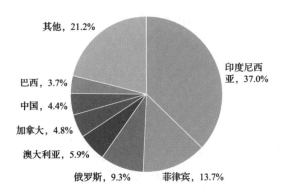

图 2-4 2021 年全球镍矿产量分布情况

数据来源：美国 USGS。

我国镍矿主要以硫化镍矿为主，占比 86%，其次是红土镍矿，占比 9.6%。从区域分布看，我国镍矿主要分布在甘肃、新疆、云南等地，尤其是甘肃，占比超过 60%（图 2-5）。甘肃的金川镍矿储量占全国总储量的 63.9%，新疆的喀拉通克、黄山与黄山东三个镍铜矿的储量占到全国总量的 12.2%。

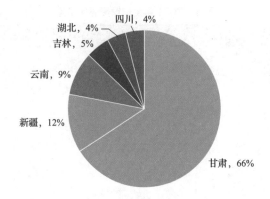

图 2-5　我国镍矿区域分布情况

3. 钴材料市场发展情况

钴资源方面，目前全球已知钴资源储量约为 760 万 t，与锂、镍等金属相比总体储量较少。刚果（金）目前已知的钴资源储量约为 350 万 t，占比约为 46%，全球排名首位，基本处于资源垄断地位。同时，澳大利亚与印度尼西亚分别位列第二名与第三名，钴资源储量分别达到 140 万 t 和 60 万 t。中国目前已知的钴资源储量仅有 8 万 t，约占全球总储量的 1.1% 左右（表 2-2）。

表 2-2　2021 年全球钴储备量

国家	储备量 / 万 t	占比（%）
刚果（金）	350	46.0
澳大利亚	140	18.4
印度尼西亚	60	7.9
古巴	50	6.6
菲律宾	26	3.4
俄罗斯	25	3.3
加拿大	22	2.9
中国	8	1.1
其他	79	10.4
全球	760	100

数据来源：美国 USGS。

钴资源产量方面，2021 年全球钴矿产量为 17 万 t，创历史新高，同比增长 20%。刚果（金）是世界第一的钴矿产来源国，供应世界 70% 以上的钴矿产量，紧随其后的是俄罗斯和澳大利亚（图 2-6）。中国是世界领先的精炼钴生产国，其中大部分来自刚果（金）进口的部分精炼钴。同时，中国也是全球的钴主要消费国，其 80% 以上的消费量用于可充电电池行业。

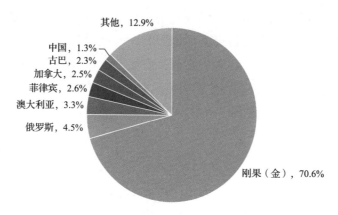

图 2-6　2021 年全球钴矿产量分布情况

数据来源：美国 USGS。

我国钴资源较为缺乏，独立钴矿床尤少，主要作为伴生矿产与铁、镍、铜等其他矿产一道产出，且存在品位低、分离难度较高、矿床规模小等问题，供需失衡导致对外依存度较高。我国目前已知的钴矿产地有 150 余处，分布于 24 个省（区），其中以甘肃的储量最多，约占全国总储量的 30%。其他钴资源主要分布在山东、云南、河北、青海和山西，占比达到 39%（图 2-7）。但在钴资源布局方面，目前我国在全球处于比较领先的地位，尤其以洛阳钼业、金川集团为代表的企业，在全球拥有多个世界级资源项目，取得了刚果（金）多座钴矿的开发运营权，为我国关键矿产的资源安全提供了重要保障。

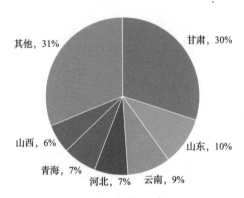

图 2-7　我国钴资源地区分布情况

数据来源：国家海关总署。

2.1.2　原材料价格走势情况

2021 年，新能源汽车市场呈爆发式增长，动力电池产量与装机量也随之攀升，但同时受国际局势及新冠疫情等影响，电池材料端供给不足，上游正负极材料、隔膜、电解液（溶质、溶剂、添加剂）等价格呈现较大涨幅，其中锂、镍、钴等金属原材料涨幅尤为明显。根据高工产研锂电研究所（GGII）测算，受原材料价格上涨影响，电芯和电池系统的理论成本上涨幅度均超过30%。

1. 锂系材料

新能源电池正极材料制备过程中，锂源主要使用碳酸锂、氢氧化锂两种材料，碳酸锂主要用于制备钴酸锂、锰酸锂、三元材料及磷酸铁锂等锂离子电池正极材料，氢氧化锂广泛应用于制作高镍三元锂电池的正极材料。

2021 年，受锂资源供应不足以及新能源汽车市场火爆影响，碳酸锂及氢氧化锂等价格持续上升，电池级碳酸锂价格从 1 月的 6.2 万元 /t 上涨至 12 月的 23.8 万元 /t，涨幅高达 283.9%，单月最高涨幅达到 53%；氢氧化锂价格从 1 月的 5.7 万元 /t 上涨至 12 月的 20.8 万元 /t，涨幅超 200%（图 2-8）。

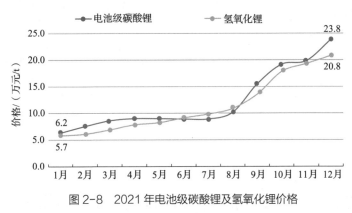

图 2-8　2021 年电池级碳酸锂及氢氧化锂价格

数据来源：富宝锂电、鑫椤数据。

2. 镍系材料

硫酸镍是废旧新能源电池经过再生利用后得到的主要产物，是制备三元前驱体的重要原材料。2021 年硫酸镍价格整体呈小幅上涨趋势，1 月价格为 3.0 万元 /t，3 月价格年度最高，为 3.8 万元 /t，短暂波动后回归平稳，12 月价格为 3.7 万元 /t，较 1 月增长 23.3%（图 2-9）。

图 2-9　2021 年硫酸镍价格

数据来源：鑫椤数据。

3. 钴系材料

硫酸钴也是废旧新能源电池经过再生利用后得到的主要产物，可用来制备四氧化三钴、镍钴锰氢氧化物、锂镍钴铝氧化物等前驱体，也可用来生产 LCO（钴酸锂）、NCM（三元材料）、NCA（镍钴铝）等正极材料，是锂离子动力电池生产不可或缺的重要原材料。2021年硫酸钴价格呈波动上升趋势，1月价格为6.6万元/t，12月硫酸钴价格上升至9.7万元/t，涨幅为47.0%（图2-10）。

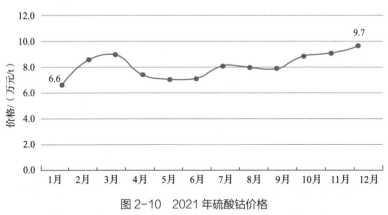

图2-10　2021年硫酸钴价格

数据来源：鑫椤数据。

4. 正极材料

正极材料可分为五种：钴酸锂、锰酸锂、三元锂、磷酸铁锂、镍钴铝酸锂。其中，磷酸铁锂、三元锂正极材料在市场中应用较为广泛。受锂材料价格大幅上涨影响，2021年磷酸铁锂正极材料价格也呈持续上升趋势，1月动力型磷酸铁锂正极材料价格为3.7万元/t，12月价格为10.5万元/t，涨幅达183.8%；1月储能型磷酸铁锂正极材料价格为3.5万元/t，12月价格为10.0万元/t，涨幅达185.7%（图2-11）。

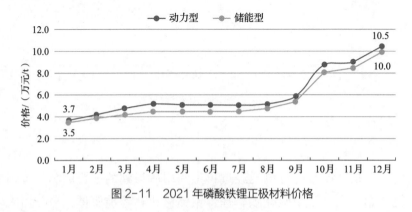

图2-11　2021年磷酸铁锂正极材料价格

数据来源：富宝锂电。

三元前驱体是生产三元正极材料最核心的上游产品，通过与锂盐（普通产品用碳酸锂，高镍产品用氢氧化锂）高温混合烧结后制成三元正极材料，再制成电动汽车、3C 产品等适用的三元锂电池。2021 年各类型（622 型、523 型、811 型）三元前驱体价格走势基本保持一致，均呈波动上升趋势，其中 523 型三元前驱体涨幅最大，达 40%，811 型三元前驱体年度均价最高，为 12.8 万元 /t（图 2-12）。

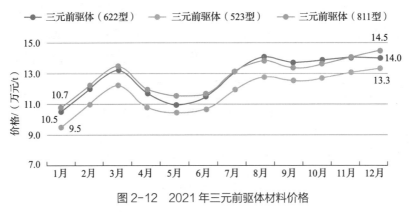

图 2-12　2021 年三元前驱体材料价格

数据来源：Wind 数据。

5. 负极材料

2021 年，负极材料中天然石墨价格整体保持稳定。高端人造石墨负极材料价格呈小幅上涨趋势，涨幅为 5.9%；中端人造石墨价格有较大涨幅，1 月价格为 3.8 万元 /t，12 月价格为 5.2 万元 /t，涨幅为 36.8%（图 2-13）。

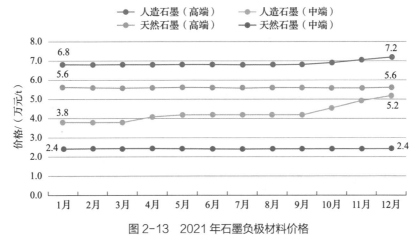

图 2-13　2021 年石墨负极材料价格

数据来源：Wind 数据。

6. 电解液

2021 年，三元锂用及磷酸铁锂用电解液价格均呈快速上涨趋势，其中三元锂用电解液 1 月价格为 3.8 万元 /t，12 月价格为 11.0 万元 /t，涨幅达 189.5%；磷酸铁锂用电解液 1 月价格为 4.0 万元 /t，12 月价格为 12.2 万元 /t，涨幅达 205%，磷酸铁锂用电解液价格涨幅更大。

六氟磷酸锂是电解液中最重要的组成部分，也是商业化应用最广泛的电解液溶质，在成本中占比最高。六氟磷酸锂的性能直接决定电解液的离子电导率、电化学稳定窗口、高低温稳定性等重要性能。2021 年，随着电解液价格的上涨，六氟磷酸锂价格也呈持续上升趋势，1 月价格为 12.1 万元 /t，12 月价格为 56.5 万元 /t，涨幅高达 366.9%（图 2-14）。

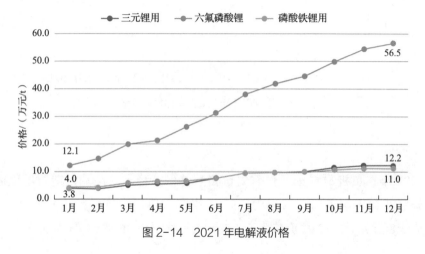

图 2-14　2021 年电解液价格

数据来源：Wind 数据。

2.2 新能源电池行业发展情况

2.2.1　新能源汽车动力电池行业发展情况

近年来，在国家政策鼓励、各部门大力支持及行业内各企业积极参与下，我国新能源汽车产业发展迅猛，新能源汽车动力电池装机量随之快速增长。

为更好地规范行业发展，2018 年工业和信息化部委托北京理工大学牵头建设了新能源汽车国家监测与动力蓄电池回收利用溯源综合管理平台（以下简称国家溯源管理平台），实现了新能源汽车动力电池生产、销售、维修、报废、梯次、再生等全生命周期信息溯源管理，为动力电池行业发展、资源有效利用提供了重要信息支撑。

截至 2021 年 12 月 31 日，国家溯源管理平台车载管理模块累计注册汽车生产企业 471 家，以新能源乘用车、客车、专用车生产企业为主，分布于全国 27 个省、自治区、直辖市，共有 10 个省份注册企业数量达到 20 家以上，其中，江苏省注册企业数最多，达到 62 家，占全国注册企业数量的 13.2%（图 2-15）。

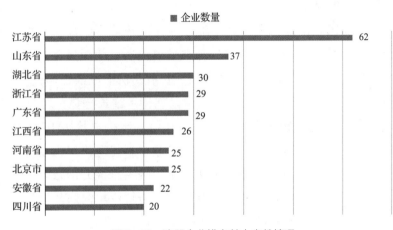

图 2-15　注册企业排名前十省份情况

注：国家溯源管理平台存在少量新能源汽车接入时间滞后情况，2021 年以前生产及销售的车辆信息在陆续上报中，历史数据有更新，全报告数据查询日期均为 2022 年 6 月 30 日。

根据国家溯源管理平台收录数据情况分析，按照车辆生产时间统计，截至 2021 年 12 月 31 日，累计接入新能源汽车 868.1 万辆，配套电池包 1235.4 万包，配套电池电量超过 418.6GW·h。

从新能源汽车企业车辆接入情况来看，上汽通用五菱汽车股份有限公司累计接入 74.4 万辆新能源汽车，全国排名第一；排名前十的车企总计接入车辆 403.0 万辆，占全国总量的 46.4%（图 2-16）。

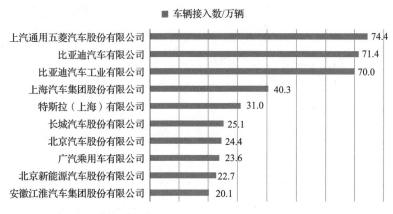

图 2-16 排名前十新能源企业车辆接入情况

1. 动力电池总体装机情况

近年来，我国新能源汽车动力电池产业发展环境不断优化，技术创新能力持续提升，新技术不断装车应用，各类型电池装机使用量逐步攀升，同时行业集中度持续提升，行业竞争日益加剧，优胜劣汰渐成常态。

从年度数据来看，动力电池装机电量呈现持续增长态势，2021 年全年装机车辆 313.8 万辆，较 2020 年增长超过 1.4 倍，装机电量 141.5GW·h，配套电池包 345.6 万包（图 2-17）。这主要得益于新能源汽车市场发展迅猛，产业需求旺盛，带动电池关键技术飞速进步，进一步提升消费者的认可度和接受度。另外，在碳达峰碳中和的大背景下，传统汽车向新能源汽车转型已成为必然趋势，电动化将全面加速，动力电池行业也将加速发展。

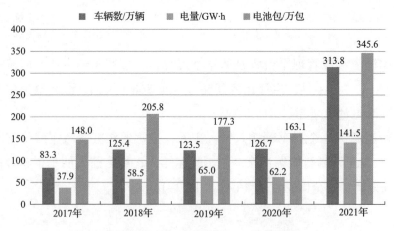

图 2-17 2017—2021 年电池装机情况

从 2021 年月度数据来看，随着新能源汽车终端销量的增长，月度装机车辆数及装机电量呈现快速提升态势，而且从下半年开始，各月装机车辆数均在 20 万辆以上，装机电量呈现大幅度上涨趋势，12 月份达到最高，装机车辆数超过 57.6 万辆，装机电量超过 26.1GW·h，配套电池包超过 64.7 万包（图 2-18）。

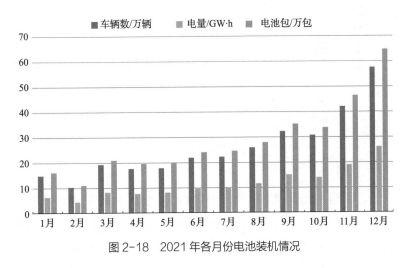

图 2-18　2021 年各月份电池装机情况

2. 分车辆类型装机情况

从装机车辆类型方面来看，全国乘用车、客车、专用车车辆占比分别为 85.7%、7.4%、6.9%；按照动力类型进行分类，主要有纯电动、插电式混合动力（以下简称插电混动）等类型，纯电动为主要动力类型，占比为 81.6%，其次为插电混动，累计占比 18.1%（图 2-19）。另外，在乘用车领域，纯电动乘用车占比为 79.7%，在客车领域，纯电动客车占比为 87.1%，在专用车领域，纯电动专用车占比为 99.1%（图 2-20）。

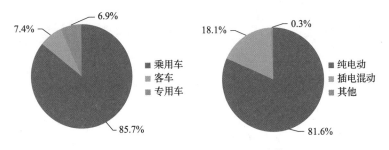

图 2-19　各车辆类型及动力类型占比情况

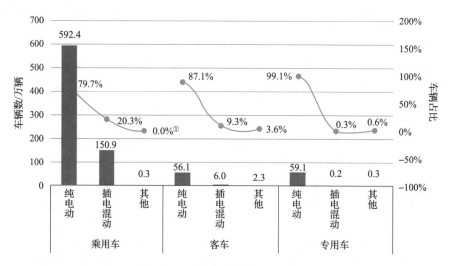

图 2-20　各类型车辆动力类型情况

注：①处实际数据为 0.04%，为统一小数点位数，此处显示为 0.0%。

从各车辆类型的历年装机量来看，乘用车装机车辆数一直维持在较高的水平，2021 年装机车辆数达到 297.1 万辆，同比 2020 年增长 147.4%。从乘用车装机车辆历年占比上看，乘用车市场占比逐年增加，2017 年的占比为69.6%，2021 年的占比增长到 94.8%（图 2-21）。随着消费者对新能源汽车的认可度提升，预计未来各类型车辆产量将会有进一步增长。

图 2-21　2017—2021 年各类型车辆装机情况

3. 分动力类型装机情况

从各动力类型近三年装机情况来看，整体市场超预期发展，而且我国新能源汽车的发展始终遵循多技术路线并行发展的总体方向，目前仍以纯电动为主、插电混动为辅，各动力类型车辆均呈现显著增长。2021 年纯电动装机车辆达到 257.0 万辆，同比 2020 年增长 151.2%，随着越来越多续驶里程长、智能化水平高的纯电动车型上市，消费者购买和使用纯电动乘用车的热情将进一步得到激发。2021 年插电混动装机车辆数已达到 56.2 万辆，同比 2020 年增长 132.2%，目前，以比亚迪和理想等品牌为代表的优质产品得到市场高度认可，长城、吉利等自主企业也在加速插电混动产品布局和规划，未来，更多新产品的上市将带来更大的增量（图 2-22）。

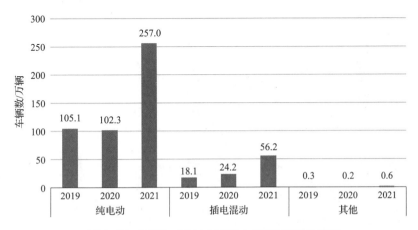

图 2-22　2019—2021 年各动力类型车辆装机情况

从各动力类型车辆生产企业方面分析，在纯电动领域，累计装机车辆数排名前五的企业分别是上汽通用五菱汽车股份有限公司、比亚迪汽车工业有限公司、特斯拉（上海）有限公司、比亚迪汽车有限公司、北京汽车股份有限公司。前五企业累计装机车辆数占全国纯电动车辆总数的 32.0%（表 2-3）。

表 2-3　排名前五汽车生产企业（纯电动）装机情况

汽车生产企业	动力类型	累计车辆 /万辆	累计装机电量 /GW·h	累计车辆全国占比（%）
上汽通用五菱汽车股份有限公司	纯电动	74.4	11.9	10.5
比亚迪汽车工业有限公司	纯电动	47.4	38.0	6.7
特斯拉（上海）有限公司	纯电动	45.9	27.7	6.5
比亚迪汽车有限公司	纯电动	34.0	18.4	4.8
北京汽车股份有限公司	纯电动	24.4	10.9	3.5

从各企业纯电动车型装机车辆数来看，2021 年各企业装机车辆数除北京汽车股份有限公司外，均比 2020 年有明显的增长幅度。其中，上汽通用五菱汽车股份有限公司装机车辆数最大，2021 年较 2020 年增长 154.7%。特斯拉通过提高其在上海首家海外工厂的产量，2020 年及 2021 年装机车辆加速上量，2021 年同比增长 121.0%，装机车辆强势位于第二位（图 2-23）。

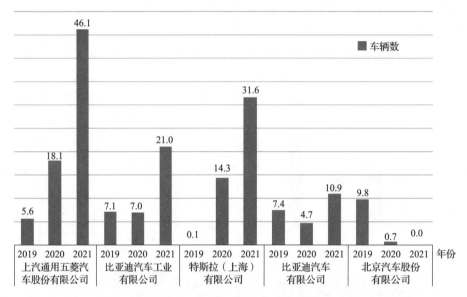

图 2-23　2019—2021 年纯电动车辆装机情况（万辆）

在插电混动领域，累计装机车辆数排名前五的企业分别是比亚迪汽车有限公司、比亚迪汽车工业有限公司、上海汽车集团股份有限公司、重庆理想汽车有限公司和华晨宝马汽车有限公司，其中比亚迪汽车有限公司、比亚迪汽车工业有限公司、上海汽车集团股份有限公司累计产量全国占比均在 13% 以上。排名前五的企业，占全国总产量的 66.6%，集中度较高（表 2-4）。

表 2-4　排名前五汽车生产企业（插电混动）装机情况

汽车生产企业	动力类型	累计车辆 / 万辆	累计车辆全国占比（%）
比亚迪汽车有限公司	插电混动	37.2	23.7
比亚迪汽车工业有限公司	插电混动	22.6	14.4
上海汽车集团股份有限公司	插电混动	20.7	13.2
重庆理想汽车有限公司	插电混动	12.7	8.1
华晨宝马汽车有限公司	插电混动	11.2	7.2

从各企业插电混动型装机车辆数来看，比亚迪汽车有限公司 2021 年增长明显，装机车辆达到 16.5 万辆，与 2020 年相比增长 12 倍以上。近三年来，比亚迪汽车工业有限公司装机车辆数也呈现较大幅度增长趋势，与 2020 年相比，2021 年增长 138.2%。另外，重庆理想汽车有限公司在插电混动领域也呈现出较高的增长态势，2019 年、2020 年、2021 年的车辆数分别达到 0.2 万辆、3.6 万辆、9.0 万辆，2021 年同比增长 150.0%（图 2-24）。

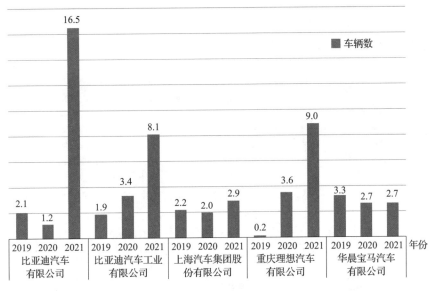

图 2-24　2019—2021 年插电混动车辆装机情况（万辆）

4. 分材料类型装机情况

按照电池材料对动力电池进行分类，目前主要有三元电池、磷酸铁锂电池、锰酸锂电池、钛酸锂电池以及其他多种类型电池。我国新能源汽车动力电池主要以三元电池、磷酸铁锂电池为主，其电量占比分别为 49.7% 和 41.8%。数据显示，国家溯源管理平台车载管理模块接入三元电池共计 208.0GW·h，装机车辆 518.6 万辆，电池包合计 543.8 万包；磷酸铁锂电池共计 175.1GW·h，装机车辆 283.9 万辆，电池包合计 524.2 万包（图 2-25）。

从各材料类型电池年度占比来看，三元电池和磷酸铁锂电池是新能源汽车主要应用类型，比亚迪刀片电池等为代表的高性能电池引领电池系统结构技术创新，实现性能以及成本的改善，促使磷酸铁锂电池装机电量占比逐渐超越三元电池。2019—2021 年，三元电池和磷酸铁锂电池装机总量均达到全年总量的 97% 以上，三元电池装机电量占比呈现逐年缩减的趋势，占比依次为 67.8%、63.1%、48.6%；随着锂、镍、钴等核心电池原材料价格上涨，以及比亚迪刀片电池、宁德时代 CTP 电池技术的诞生，磷酸铁锂电池凭借其性价比的优势，装机电量占比逐年增加，2021 年已经达到了 51.3%（图 2-26）。

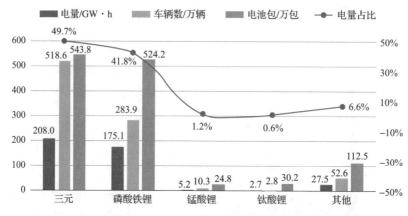

图 2-25　全国各类型电池累计装机情况

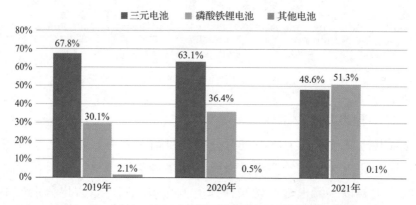

图 2-26　2019—2021 年各类型电池装机电量占比变化情况

从各材料类型电池年度装机电量来看，2021 年三元电池和磷酸铁锂电池均保持较高的增长幅度。2021 年三元电池装机电量达到 67.4GW·h，较 2020 年增长 72.4%。磷酸铁锂电池装机电量实现翻倍增长，并占据较高的市场份额，2021 年装机电量达到 71.1GW·h，较 2020 年同比增长 216.0%（图 2-27）。

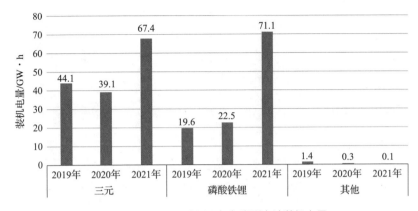

图 2-27　2019—2021 年各类型电池装机电量

　　从各车辆类型分电池材料装机情况来看，在乘用车领域，具备较高能量密度的三元电池成为主要应用类型，三元电池装机电量占比达到 69.0%，其次为磷酸铁锂电池，占比为 27.1%；在客车及专用车领域，磷酸铁锂电池因较成熟的制备工艺以及较高的安全性能而被广泛应用，客车磷酸铁锂电池装机电量占比达到 78.0%，专用车磷酸铁锂电池装机电量占比达到 58.7%（图 2-28）。

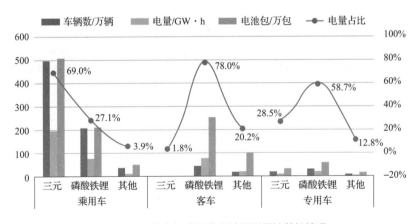

图 2-28　各车辆类型分电池类型累计装机情况

　　从各车辆类型分电池材料年度占比来看，在乘用车领域，三元电池近三年的装机电量占比逐年减少，2019 年、2020 年、2021 年分别为 94.0%、81.5%、53.6%。而磷酸铁锂电池近三年的装机电量占比逐年升高，从 2019 年的 4.8% 上升到 2021 年的 44.6%。在客车和专用车领域，磷酸铁锂电池一直是主要应用类型，客车磷酸铁锂电池装机占比近三年一直保持 90% 以上（图 2-29）。

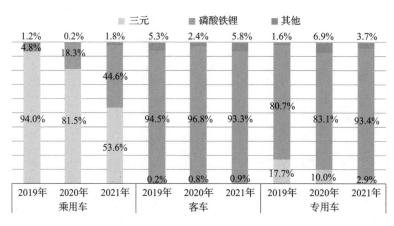

图 2-29 2019—2021 年各类型电池装机情况

在三元电池领域，累计装机电量排名前五的电池企业分别是宁德时代、比亚迪、国轩高科、LG、中航锂电。其中，宁德时代在三元电池领域优势较明显，累计装机电量占全国总量的 41.1%，其次为比亚迪和国轩高科，装机电量占比分别为 16.1%、5.1%。前五企业总装机电量占全国总量的 73.5%（表 2-5）。

表 2-5 排名前五电池生产企业（三元电池）累计装机情况

电池企业	累计车辆 / 万辆	累计电量 /GW·h	累计电池包 / 万包	累计电量全国占比（%）
宁德时代	192.7	110.3	265.2	41.1
比亚迪	91.7	43.2	107.5	16.1
国轩高科	41.9	13.8	47.6	5.1
LG	32.5	19.5	32.5	7.3
中航锂电	19.3	10.5	19.5	3.9

从电池生产企业历年装机电量情况来看，企业的装机电量存在较大差异，宁德时代近三年的装机量一直处于领先位置，龙头优势凸显。比亚迪（位列第二）三元电池装机电量比宁德时代少且呈现明显下降趋势，2019—2021 年分别是宁德时代的 35.2%、33.5% 和 4.9%（图 2-30）。

在磷酸铁锂领域，累计装机电量排名前五的电池企业分别是宁德时代、比亚迪、国轩高科、LG、深圳沃特玛，装机电量占比分别为 36.5%、27.8%、10.5%、4.7%、2.2%。前五企业总装机电量占全国总量的 81.7%，在磷酸铁锂领域电池企业集中度较高（表 2-6）。

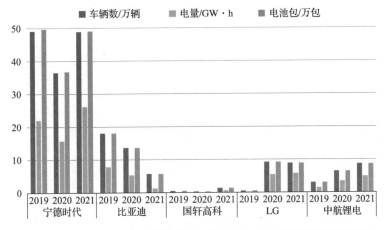

图 2-30 2019—2021 年排名前五电池生产企业（三元电池）装机情况

表 2-6 排名前五电池生产企业（磷酸铁锂）累计装机情况

电池企业	累计车辆 / 万辆	累计电量 /GW·h	累计电池包 / 万包	累计电量全国占比（%）
宁德时代	71.8	63.9	201.6	36.5
比亚迪	79.0	48.7	111.7	27.8
国轩高科	49.8	18.3	64.3	10.5
LG	13.9	8.1	13.9	4.7
深圳沃特玛	5.2	4.0	18.0	2.2

从电池生产企业历年装机电量情况来看，除深圳沃特玛外，各企业均呈现逐年增长的发展趋势。其中，宁德时代磷酸铁锂电池一直保持较高的装机量，2021 年装机电量已超过 2019 年的 1.8 倍。比亚迪因新型刀片电池产能释放，其磷酸铁锂电池装机电量呈现出翻倍增长态势，2021 年装机电量已接近 2019 年的 10 倍，同时装机车辆数已超过宁德时代（图 2-31）。电池结构体系创新对磷酸铁锂电池产生了积极影响。

5. 分电池形态装机情况

目前常见的电池形态主要为方形、圆柱、软包电池。累计数据显示，方形电池为动力电池主要应用形态，占比达到 75%。另外，圆柱电池累计使用占比 12%，软包电池占比 13%（图 2-32）。

从各电池形态历年装机量占比来看，方形电池因工艺成熟、成组效率高等优势，一直是动力电池的主要应用形态，历年装机电量占比均达到 70% 以上（图 2-33）。同时，特斯拉、宁德时代等宣布进行大圆柱形电池研发，预计未来 1~2 年内，圆柱形电池装机电量将有所增长。

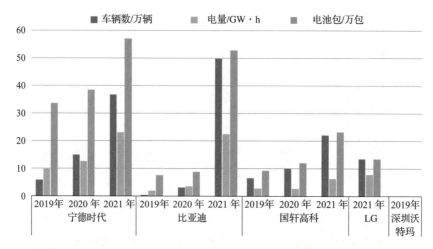

图 2-31　2019—2021 年排名前五电池生产企业（磷酸铁锂）装机情况

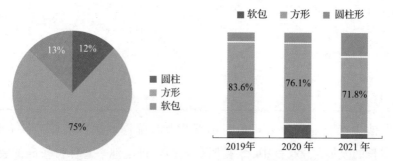

图 2-32　各类型电池累计装机占比　　图 2-33　各形态电池历年装机电量占比

圆柱形电池领域，LG、深圳沃特玛、深圳比克占比较高，占比分别为 1.5%、1.1%、1.0%；方形电池领域，宁德时代为代表性企业，占比为 29.1%；软包电池领域，比亚迪、孚能科技、捷威动力等企业占比较高（图 2-34）。

6. 分区域装机及使用情况

根据全国范围内各省份新能源汽车装机量数据统计，截至 2021 年 12 月 31 日，新能源汽车累计产量全国排名前五的省份分别是上海、广东、广西、陕西、北京。从主要地区新能源汽车生产企业产量情况来看，上海市已有数据上报的新能源汽车生产约有 28 家，其中规模较大的有上汽集团、特斯拉、蔚来汽车、上汽大众、上汽通用等车企，以上 5 个企业的累计产量已经超过 120 万辆。广东省已有数据上报的新能源汽车生产企业约有 34 家，其中比亚迪汽车工业、

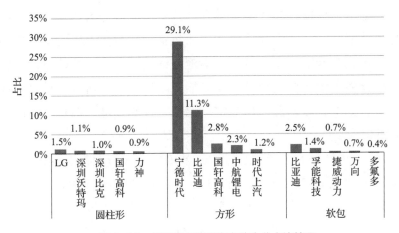

图 2-34 各形态电池配套电池企业占比情况

广汽乘用车、肇庆小鹏、广汽丰田、广州小鹏累计产量占据前 5 名的位置，以上 5 家企业的累计产量超过 121 万辆。广西壮族自治区有 17 家企业上报了新能源车辆数据，其中五菱汽车、东风柳州等车企的产量较大，排名前五的企业，累计产量超过 87 万辆（图 2-35）。

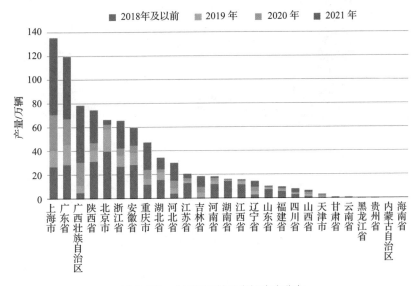

图 2-35 全国部分地区车辆生产分布

2.2.2 储能电池行业发展情况

储能是指通过介质或设备把能量存储起来，在需要时再释放的过程，通常储能主要指电力储能。按照能量储存方式，储能可分为物理储能、电化学储能、电磁储能三类，其中物理储能主要包括抽水蓄能、压缩空气储能、飞轮储能等，电化学储能主要包括铅酸电池、锂离子电池、钠硫电池、液流电池等，电磁储能主要包括超级电容器储能、超导储能。通常将抽水蓄能以外的储能方式，如电化学储能、压缩空气储能、飞轮储能、储热、储冷、储氢等称为新型储能。

2021年，储能系统装机规模进一步提升，全球储能累计装机功率205.3GW，同比增长7.4%，中国储能累计装机功率43.4GW，位列全球第一，同比增长21.9%。储能方式方面，抽水蓄能仍占主导地位，全球累计装机功率177.4GW，中国累计装机功率37.6GW，占比21.2%；其次是电化学储能，全球累计装机功率21.1GW，中国累计装机功率5.1GW，占比24.2%（图2-36）。

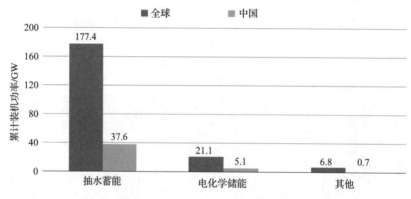

图2-36　2021年全球及中国储能累计装机规模

数据来源：中国化学与物理电源行业协会储能应用分会《2022储能产业应用研究报告》。

（注：其他包括压缩空气储能、飞轮储能、蓄冷蓄热等。）

新增储能方面，2021年全球新增储能装机功率13.1GW，中国新增储能装机功率7.4GW。从全球来看，2021年电化学储能新增装机最多，达到7.5GW，为历年最高，同比增长55.4%。2021年我国新增装机以抽水蓄能为主，装机功率达到5.3GW，占比71.6%，其次是电化学储能，新增装机功率1.8GW，占比24.3%（图2-37）。

电化学储能具有占地面积小、建设周期短、不受地形限制等特点，是应用范围最为广泛、发展潜力最大的储能技术。近年来，国家积极出台相关政策促进电化学储能发展。2021年7月，国家发展改革委、国家能源局联合发

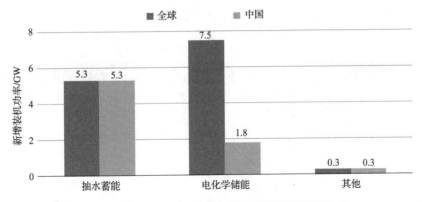

图 2-37 2021 年全球及中国新增储能装机规模

数据来源：中国化学与物理电源行业协会储能应用分会《2022 储能产业应用研究报告》。

（注：其他包括压缩空气储能、飞轮储能、蓄冷蓄热等。）

布《关于加快推动新型储能发展的指导意见》（发改能源规〔2021〕1051 号），明确提出到 2025 年实现累计装机 30GW 的发展目标，同时提出坚持储能技术多元化，推动锂离子电池等相对成熟新型储能技术成本持续下降和商业化规模应用。2021 年 9 月，国家能源局印发《新型储能项目管理规范（暂行）》（国能发科技规〔2021〕47 号），明确了新型储能项目规划布局、备案与建设、并网与调度、监测与监督等环节的管理要求，为新型储能项目投资建设运营提供实施指南，对规范新型储能市场主体行为，促进各类市场主体高效投资新型储能项目意义重大。2022 年 1 月，国家发展改革委、国家能源局印发《"十四五"新型储能发展实施方案》（发改能源〔2022〕209 号），要求加大关键技术装备研发力度，突破电化学储能系统安全预警、系统多级防护结构及关键材料、高效灭火及防复燃、储能电站整体安全性设计等关键技术，加快制定电化学储能模组 / 系统安全设计和评测、电站安全管理和消防灭火等相关标准，并提出到 2025 年实现电化学储能技术性能进一步提升，系统成本降低 30% 以上等目标。

电化学储能的核心需求在于高安全、长寿命和低成本。目前锂离子电池已成为全球电化学储能的主流技术路线（2021 年全球新增电化学储能中，锂离子电池储能占比高达 99.7%），根据正极材料不同，进一步分为磷酸铁锂和三元两种主要的技术路线。与三元锂电池相比，磷酸铁锂电池安全性更高、寿命更长、成本更低，同时由于储能应用场景相对固定，对电池尺寸及重量要求相对较低，磷酸铁锂电池能量密度相对较低的劣势也被缩小。综合来看，磷酸铁锂电池更加贴合储能场景的应用需求,有望成为储能的主流技术路线(表2-7)。

表2-7　磷酸铁锂与三元锂电池技术对比

性能指标	磷酸铁锂	三元锂
能量密度	电压较低,能量密度在140W·h/kg左右,提升潜力一般	电压较高,在240W·h/kg左右,提升潜力较大
安全性	热稳定性强,内部化学成分分解的电池温度在500~600℃	热稳定性较差,内部化学成分分解的电池温度在300℃
低温性能	较差,使用下限-20℃,低温放电性能较差,在-20℃时容量保持率约为20%~40%,可通过热管理改善衰减情况	较好,使用下限-30℃,低温放电性能好,续驶里程衰减不到15%
寿命	完全循环次数约3500次	完全循环次数约2000次
成本	成本较低,不含贵金属	成本较高,含镍钴等贵金属元素,且工艺环境要求更加严格

资料来源:北极星储能网,民生证券。

应用场景方面,从全球来看,电化学储能应用场景主要是电源侧辅助服务,占比32.1%,其次是新能源+储能,占比30.9%,电网侧储能占比26.6%,排名第三。我国电化学储能的第一应用场景为新能源+储能,装机功率占比45.4%,其他场景占比均低于全球水平(图2-38),我国在电网侧独立储能电站、用户储能系统等储能应用形式上还有很大发展空间。

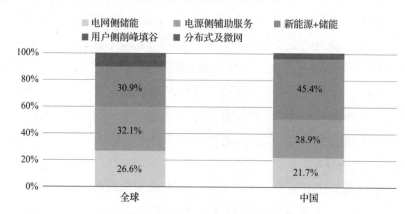

图2-38　2021年全球及中国电化学储能应用

数据来源:中国化学与物理电源行业协会储能应用分会《2022储能产业应用研究报告》。

区域分布方面,2021年我国电化学储能新增规模前五省份分别为山东、江苏、广东、湖南、内蒙古。广东、江苏、山东等用电大省出台政策鼓励多种储能模式发展，在全国各省电化学储能发展中居于前列，尤其是山东，2021 年将总容量 520MW 的 7 个调峰、调频项目列为储能示范项目，电化学储能规模迅速上升。此外，青海和内蒙古等新能源配储大省也有较高的新增储能规模，河北、河南等 2021 年下放较多配储新能源指标的省份预计未来也会有较多新增项目落地。

技术储备方面，2021 年电化学储能技术取得重要进展，锂离子电池阳极补锂技术大幅提升了电池循环寿命和容量，压缩空气储能和全钒液流电池等长时储能技术也受到市场越来越多的关注，均有百兆瓦级项目落地。此外，兆瓦时级钠离子电池正式投运也为分布式储能等领域的应用提供了新的技术选项。与此同时，随着国内锂电产业链的快速壮大，本土电池企业逐渐加快技术整合。宁德时代凭借在结构创新和材料体系上完善的技术布局获得领先的全球竞争优势；比亚迪和国轩高科分别通过刀片电池和 JTM（卷芯到模组）等结构创新拓展磷酸铁锂应用范围，国轩高科同时承接科技部重点专项成功开发出 $300W \cdot h/kg$ 以上高镍软包电芯；孚能科技拥有先进的软包电池生产能力。

储能电池供应商方面，2021 年中国新增投运的新型储能项目中，装机规模排名前十位的储能技术提供商依次为宁德时代、中储国能、亿纬动力、鹏辉能源、南都电源、海基新能源、力神、远景动力、中创新航和中天科技。全球市场中，储能电池（不含基站、数据中心备电电池）出货量排名前十位的中国储能技术提供商依次为宁德时代、鹏辉能源、比亚迪、亿纬动力、派能科技、国轩高科、海基新能源、中创新航、南都电源和中天科技。动力电池企业在储能市场份额占比持续提升，规模化优势显著，逐渐形成头部效应。

2.2.3　电动自行车电池行业发展情况

经过 20 多年的发展，我国已成为全球电动自行车生产和销售大国，电动自行车已经成为人们日常短途出行的重要交通工具。

销量方面，近年来我国电动自行车销量整体呈上升趋势，尤其是 2019 年《电动自行车安全技术规范》（GB 17761—2018）强制性国家标准（以下简称为《新国标》）正式实施后，我国电动自行车销量增速加快，2020 年销量达 4760 万辆，同比增长 29.3%。2021 年受部分地区《新国标》过渡期推行节奏减缓等因素影响，电动自行车销量有所下降，累计销量 4100 万辆，同比下降 13.9%（图 2-39），但综合考虑节能减排等政策要求、人们多样化绿色出行需求、及时配送与共享电单车增长促进等因素，我国电动自行车市场仍拥有较大增长潜力。

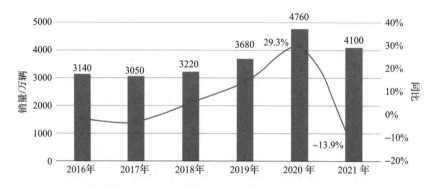

图 2-39　2016—2021 年中国电动自行车销量

数据来源：艾瑞咨询《2022 中国两轮电动车行业白皮书》。

品牌方面，2021 年电动自行车销量排行前三的品牌是雅迪、爱玛及台铃，分别销售 1380 万辆、800 万辆、500 万辆，排名前五的品牌销量累计达 3130 万辆，占总销量的 76.3%，市场集中度高；此外，随着消费者对车辆"智能化"关注度提升，智能化水平和创新性较强的品牌小牛和九号也表现不俗，分别销售 103 万辆、42 万辆（图 2-40）。未来，雅迪、爱玛、台铃等传统巨头品牌凭借多年积累的渠道及口碑优势，在电动自行车市场仍将占据重要份额，小牛、九号"新势力"品牌也将凭借产品创新性及智能化优势持续扩大市场份额，创新能力较弱的传统品牌将面临淘汰危机。

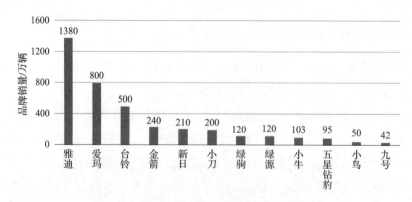

图 2-40　2021 年中国主要电动自行车品牌销量

数据来源：艾瑞咨询《2022 中国两轮电动车行业白皮书》。

电动自行车的动力表现主要依托于电池技术的发展水平，按照储能类型主要分为三类：铅酸电池、锂离子电池、氢能源。目前我国电动自行车仍以铅酸电池为主，具备技术成熟、价格便宜等特点。与此同时，锂离子电池技术正在快速发展，与铅酸电池相比，锂离子电池拥有寿命长、质量轻、绿色环保、能量密度大等优点，尤其是倍率性能更好，制备较为容易，成本较低，低温性好的锰酸锂电池在电动自行车中将逐渐大量使用（表 2-8）。

表 2-8　铅酸电池与锂离子电池性能比较

性能	铅酸电池	锂离子电池
能量密度 /（W·h/kg）	30~40	105~160
单价 /（元 /W·h）	0.4	0.8
质量 /kg	约为 20	约为 5
续驶里程（48V）/km	30~40	40~60
使用寿命 / 次	400~600	800~2000
安全性	电池充放电稳定性一般，充电时易产生较高的热量	电池稳定性较高，对存放环境、运输条件有较高要求
技术成熟度	工业化时间长，技术成熟度高	工业化时间短，技术快速发展
充电时长	8~10h	可进行快充

资料来源：天能动力官网，方正证券研究所。

锂电渗透率方面，在《新国标》政策、消费升级、技术提升、绿色出行环保要求等因素共同促进下，锂电两轮车销量占比持续提升，2021 年锂电电动自行车销量达 960 万辆，渗透率为 23.4%（图 2-41）。未来，随着锂离子电池成本降低以及安全等技术突破，锂电电动自行车占比预计将持续提升。

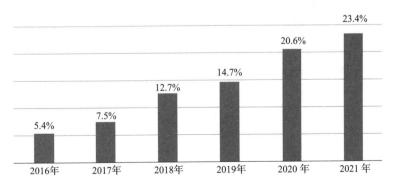

图 2-41　中国电动自行车锂电渗透率

数据来源：艾瑞咨询《2022 中国两轮电动车行业白皮书》。

在锂离子电池领域,星恒和天能是最大的电动自行车锂电供应商。随着宁德时代、国轩高科、亿纬锂能、力神电池、比亚迪等国内动力电池切入市场,电动自行车锂电供应格局将发生极大变化,电动自行车锂电技术水平有望进一步提升,同时价格或将下探,市场需求将保持快速增长。

2.2.4 其他领域电池发展情况

1. 船舶用动力电池行业发展情况

当前中国船舶大多数仍采用柴油机械推进系统,但随着环保政策逐渐收紧,动力电池系统价格不断下降,电动船舶渗透率正在逐步提高。目前电动船舶主要应用于民用领域,注重内湖、内河以及近海港口,从应用船型上主要分为车客渡船、客船、港口拖船、港务船以及海工船等;从应用吨位上主要分为500t以下、500~2000t、2000~5000t、5000t以上等。

电动船舶具有绿色环保、零污染、安全以及使用成本低等优点。据高工产研锂电研究所(GGII)测算,电动船舶每百公里运行成本为2800元,低于柴油动力船舶的4100元以及LNG燃料船舶的3700元。

近年来,电动船舶用锂电池装机量持续上升,电动船舶快速发展。据《中国电动船舶行业发展白皮书(2021年)》数据,2020年中国电动船舶用锂离子电池出货量达到75.6MW·h,同比增长94.8%。同时预测到2030年,中国新增电动船舶和对现有13万艘民用运输船舶的电动化改造将创造约25.2GW·h电池需求量。

市场竞争方面,国内船用锂离子电池主要由亿纬锂能和宁德时代供应,两家合计市场份额达到80%以上,行业集中度高,头部效应明显。此外,国轩高科、益佳通等企业也供应一定电动船舶用锂电池。

技术路线方面,锂离子电池并不是唯一的船用电池,包括燃料电池、超级电容器等未来均可能会单独或混合使用在电动船舶中。但从当前来看,电动船舶发展仍面临一些不可忽视的难点与瓶颈,如标准体系不统一、商业模式不清晰等,船舶电动化仍然任重道远。

2. 无人机电池行业发展情况

无人机(UAV),即无人驾驶飞机,是利用无线电遥控设备和自备的程序控制装置操纵的不载人飞机。

无人机锂离子电池对高倍率、循环寿命和高温存储等性能方面的要求非常苛刻。聚合物锂离子电池凭借能量密度高、轻量化、可弯曲、可超薄化、可做成任意形状等优点，是当前无人机采用的主要动力来源。

无人机用锂离子电池主要供应商为宁德时代，占据市场近一半份额，主要供应大疆等无人机龙头企业。另外，漳州优科、鹏辉能源、东莞锂威、格瑞普等在无人机领域也有所布局。

锂离子电池具有绿色环保、能量密度大、安全系数高等特点，是电动无人机动力系统的最佳选择，也是无人机发展的必然趋势。但在锂离子电池技术与无人机接口技术研究以及标准化制定方面，仍存在很多技术壁垒，需不断创新改革。

2.3 新能源电池回收利用行业发展情况

2.3.1 回收服务网点及企业建设情况

1. 回收服务网点建设情况

截至 2021 年底，全国范围内回收服务网点共建设 10120 余个。全国前十省份回收服务网点总量 6030 余个，约占全国总量的 60%，主要集中在京津冀、长三角及珠三角等地区。其中，京、津、冀地区的回收服务网点 970 余个，广东省的回收服务网点数量排名首位，共 1050 余个。

从建设形式来看，汽车生产企业和梯次利用企业均会建设回收服务网点并向工业和信息化部门户网站的"公共服务平台"专栏报送回收服务网点信息。其中，汽车生产企业报送的回收服务网点主要依托其售后服务机构通过改造升级的方式建设，梯次利用企业报送的回收服务网点主要依托汽车售后服务机构通过改造升级的方式建设和与报废回收拆解企业通过协议合作的方式建设。目前，汽车售后服务机构改造升级建设回收服务网点为主流模式，但建设形式呈现多样化，合作共建比例逐步提升。2021 年，国家层面鼓励产业链上下游企业共建共用回收渠道，建设一批集中型回收服务网点，地方层面积极推动回收利用区域中心的建设工作，以解决资源配置不合理、网点重复建设、网点建设成本高等问题。

2. 回收利用企业建设情况

2018 年 8 月 1 日—2021 年 12 月 31 日，国家溯源管理平台回收利用模块已注册 600 余家后端企业。其中，回收拆解企业 370 余家，综合利用企业 240 余家，部分后端企业可同时具备拆解、梯次和再生能力（图 2-42）。总体来看，当前回收拆解企业主要分布于湖南省、云南省、广东省、黑龙江省和江西省等省份；综合利用企业主要分布于广东省、江苏省、湖南省、浙江省和上海市等省份。

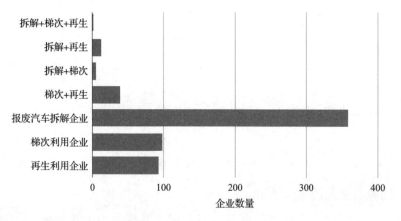

图 2-42　后端企业注册情况

2.3.2　回收利用产品应用与处置情况

1. 梯次利用企业上传情况及产品应用情况

2018 年 8 月 1 日—2021 年 12 月 31 日，30 余家梯次利用企业累计上传 5.1 万个单体、35.2 万个模组及 4.2 万个包级的梯次产品生产销售信息，其中，累计上传量排名前三的企业分别为深圳市比亚迪锂电池有限公司、安徽绿沃循环能源科技有限公司、中天鸿锂清源股份有限公司，占比分别为 23.1%、17.8% 和 13.1%。

2018 年 8 月 1 日—2021 年 12 月 31 日，模组级梯次产品主要是磷酸铁锂电池和三元电池。其中磷酸铁锂电池上传数量为 22.4 万，占比为 63.6%；三元电池上传数量为 12.2 万，占比为 34.7%；主要应用领域为低速动力、基站备电和储能领域,其中低速动力占比 40.1%,基站备电占比 33.2%,储能领域占比 26.1%(图 2-43)。从产品去向来看,梯次利用产品主要销售至北京、广东、浙江、上海、湖北等省份(图 2-44)。

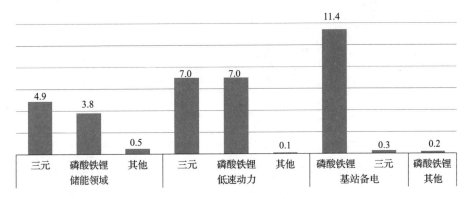

图 2-43　梯次电池产品应用领域分布(万个)

(注:低速动力主要指最高时速低于 70km/h 的车辆。)

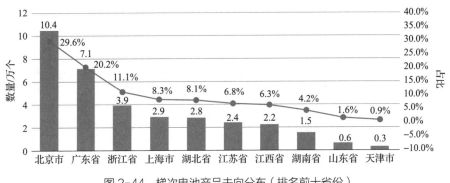

图 2-44　梯次电池产品去向分布(排名前十省份)

2. 再生利用企业上传情况及产品处置情况

2018 年 8 月 1 日—2021 年 12 月 31 日,38 家再生利用企业累计上传约 6.2 万 t 废旧动力电池入库信息,其中约 4.3 万 t 已再生处置。已处置的废旧动力电池主要类型为三元电池,占比为 96.6%,磷酸铁锂电池占比为 3.4%。

再生利用入库信息累计排名靠前企业有惠州市恒创睿能环保科技有限公司、江门市恒创睿能环保科技有限公司、广东光华科技股份有限公司,主要集中于广东、江西及湖南等省份(图 2-45)。

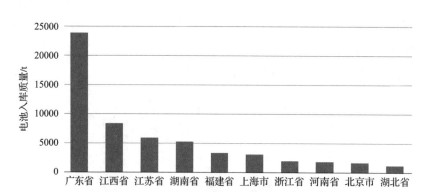

图 2-45　电池入库来源（按企业所在地）分布情况

　　再生利用处置信息累计上传量排名靠前的企业是惠州市恒创睿能环保科技有限公司、江门市恒创睿能环保科技有限公司、广东光华科技股份有限公司、浙江新时代中能循环科技有限公司和江西睿达新能源科技有限公司，前十企业处置量占比为 90.9%。

第 3 章　数据应用

3.1　新能源汽车运行特征分析

3.1.1　新能源汽车推广应用情况

全国超过 80% 的新能源汽车安全状态得到实时监测

我国新能源汽车产业进入规模化快速发展阶段，市场渗透率曲线加速上扬。在产品多样化供给、消费者认知度提高等多因素驱动下，2021 年我国新能源汽车市场再创历史新高，新能源汽车保有量也呈现快速增长态势，新能源汽车国家监测与管理平台（以下简称国家监管平台）新能源汽车累计接入量稳步增长（图 3-1），截至 2021 年，新能源汽车累计接入量达到 665.5 万辆，累计接入率达到 84.9%，说明全国有 84.9% 的新能源汽车安全状态得到实时监测。

根据国家监管平台数据显示，分车辆用途来看，私人乘用车累计接入占比超过半数。截至 2021 年 12 月 31 日，私人乘用车累计接入量达到 405.93 万辆，占国家监管平台车辆接入总量的 61.00%；其次是公务乘用车、租赁乘用车、物流车和城市公交客车，累计接入量分别为 65.54 万辆、64.54 万辆、47.97 万辆、

37.84 万辆，占比分别为 9.83%、9.70%、7.21%、5.69%（图 3-2）。

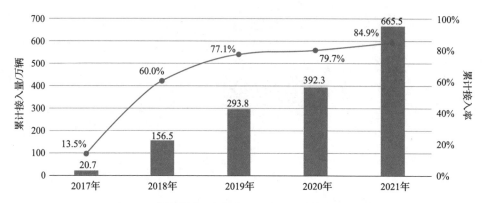

图 3-1　国家监管平台新能源汽车历年累计接入量情况

（注：汽车累计接入率＝新能源汽车累计接入量／当期新能源汽车保有量。）

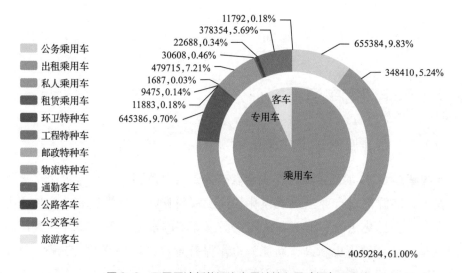

图 3-2　不同用途新能源汽车累计接入量（辆）及占比

全国新能源汽车月上线率超 80%，连续三年呈持续增长趋势

全国新能源汽车年度月均上线率均值逐渐趋于稳定。从近三年全国新能源车辆月均上线率来看，2021 年月均上线率均值为 81.8%，相较于 2019 年和 2020 年分别提高了 1.8 个百分点和 0.7 个百分点，连续两年稳步提升（表 3-1）。

从历年新能源车辆月上线率分布情况来看（图 3-3），2019 年和 2020 年上线率波动较大（尤其是前 5 个月）。2021 年各月车辆上线率基本保持均衡，说明车辆使用情况趋于常规和稳定。

表 3-1　全国新能源车辆月上线率的平均值

年份	2019 年	2020 年	2021 年
全国新能源车辆上线率平均值	80.0%	81.1%	81.8%

注：车辆上线率表示当期车辆的运行数量占累计车辆接入量的比值。车辆上线率反映当期车辆的使用情况。

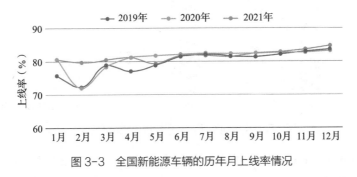

图 3-3　全国新能源车辆的历年月上线率情况

从不同驱动类型车辆上线率来看（表 3-2），2021 年插电混动汽车（PHEV）的上线率均值明显高于纯电动汽车（BEV）和燃料电池汽车（FCV）；其次是纯电动汽车，月上线率均值为 79.7%；燃料电池汽车的月上线率均值相对较低，为 72.0%。燃料电池目前处于规模化示范运营阶段，车辆类型主要为商用车，2021 年上线率均值接近于纯电动汽车，车辆运行效果较好。

表 3-2　2021 年全国分驱动类型上线率平均值

驱动类型	BEV	PHEV	FCV
全国车辆上线率平均值	79.7%	93.0%	72.0%

3.1.2　新能源汽车技术演进特征

1. 新能源汽车续驶里程变化特征

新能源乘用车整体续驶里程呈现逐年增长趋势

根据国家监管平台数据显示，从我国新能源乘用车历年续驶里程均值变化情况来看（图 3-4），不同类型新能源汽车续驶里程均值呈现逐年增长趋势。近三年来，新能源乘用车续驶里程均值从 2019 年的 270.5km 增长到 2021 年的 320.9km；2021 年纯电动乘用车续驶里程均值为 395km，相较于 2020 年略有提升，主要由于 2021 年宏光 MINIEV 等小型纯电动乘用车规模快速释放，纯电动乘用车续驶里程年度变化整体稳定；插电式混合动力电动乘用车续驶里程均值呈现逐年增长趋势，2021 年达到 86km，同比增长 25.5%。

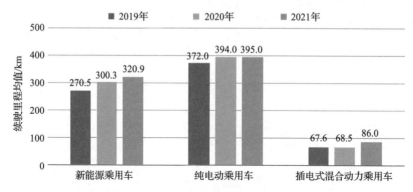

图 3-4　不同类型新能源汽车历年续驶里程均值变化情况

续驶里程 400km 以上的纯电动乘用车占主导，200km 以内的纯电动乘用车占比增长较快

从纯电动乘用车不同续驶里程分段车辆分布情况来看（图 3-5），近年来，低续驶里程段纯电动乘用车占比呈现快速增长趋势，200km 以下续驶里程的纯电动乘用车占比从 2020 年的 6.7% 提高至 2021 年的 20.4%，主要是由于小型纯电动乘用车数量的快速增长；400km 以上高续驶里程段的车辆分布逐渐占市场主导，2021 年市场占比达到 55.4%。

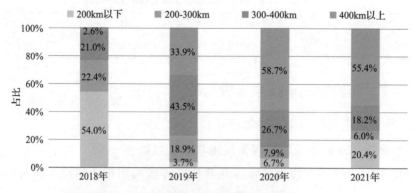

图 3-5　纯电动乘用车不同续驶里程分段车辆分布情况

A 级及以上级别轿车及 SUV 纯电动乘用车续驶里程均呈现较快增长趋势

从不同级别纯电动乘用车续驶里程均值分布情况来看（图 3-6），A 级及以上级别轿车及 SUV 车辆的续驶里程均值呈现逐年快速增长趋势。2021

年，A0+A00 级轿车续驶里程均值为 245.1km，相较于 2020 年下降 13.8%，A0+A00 级轿车续驶里程不再单纯追求里程增长，更多从满足日常代步使用需求出发，贴近新能源汽车实际应用需求的前提下，追求性价比；A 级轿车续驶里程均值为 448.2km，相较于 2020 年增长 22.4%；B 级及以上轿车续驶里程均值为 569.9km，相较于 2020 年增长 28.6%，相较于其他类型车辆续驶里程增速较快；SUV 续驶里程均值为 479.8km，相较于 2020 年增长 23.3%。

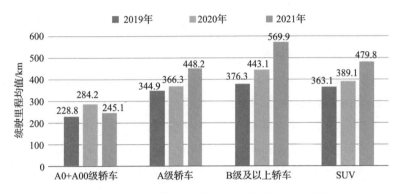

图 3-6　不同级别纯电动乘用车续驶里程均值分布情况

2. 新能源汽车能耗水平变化特征

能耗水平是指纯电动汽车在实际运行环境中，平均每运行 100km 所消耗的电量，单位是 kW·h/100km，计算公式如下：

$$\beta_{bev} = \frac{Q}{L} \times 100$$

式中，β_{bev} 是电动车辆在实际运行环境中的百公里耗电量（kW·h/100km）；Q 是车辆消耗的电量（kW·h）；L 是行驶的里程（km）。

本报告根据国家监管平台新能源车辆的实际运行情况，总结纯电动乘用车、客车、物流车在实际行驶过程中的能耗情况，对于推进我国新能源汽车技术进步具有重要的借鉴意义。

不同类型纯电动汽车能耗水平均呈现下降趋势

根据国家监管平台不同类型车辆实际运行情况来看（图 3-7），2021 年乘用车能耗均值为 14.6kW·h/100km，比 2020 年下降 7.6%；纯电动公交客车能耗均值为 67.7kW·h/100km，相较于 2020 年下降 8.0%；纯电动物流车能耗均值为 30.1kW·h/100km，相较于上年下降 10.9%。

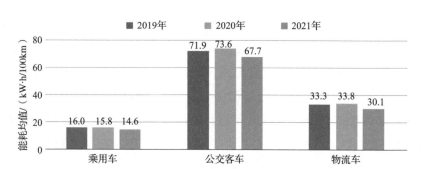

图 3-7　不同类型纯电动汽车历年能耗均值情况

A00+A0 级别轿车和 B 级及以上轿车能耗水平近三年呈现逐渐下降趋势

分级别车型来看，2021 年 A00+A0 级别轿车能耗均值 10.4kW·h/100km，比上一年下降 16.1%；B 级及以上纯电动轿车能耗均值 15.6kW·h/100km，相比上年下降 7.7%。2021 年 A 级轿车和 SUV 能耗水平相较于 2020 年有所上升。其中，A 级轿车能耗均值 16.1kW·h/100km，比上一年上升 14.2%；2021 年纯电动 SUV 能耗均值 18.7kW·h/100km，比上一年上升 3.3%（图 3-8）。

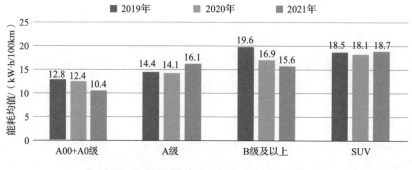

图 3-8　不同级别纯电动乘用车历年能耗均值情况

3.1.3　新能源汽车运行特征

截至 2021 年 12 月 31 日，新能源汽车累计行驶里程达到 2188.56 亿 km

根据国家监管平台数据显示，截至 2021 年 12 月 31 日，新能源汽车累计行驶里程达到 2188.56 亿 km。分不同动力类型车辆来看，纯电动汽车累计行驶里程 1843.28 亿 km，占比 84.22%。其中，纯电动汽车领域，纯电动乘用车累计行驶里程 1258.30 亿 km，占比 57.50%；其次是插电式混合动力电动汽车，累计行驶里程 343.06 亿 km，占比为 15.68%；氢燃料电池电动汽车行驶里程 2.23 亿 km，占比 0.10%，处于规模化示范推广阶段（图 3-9）。

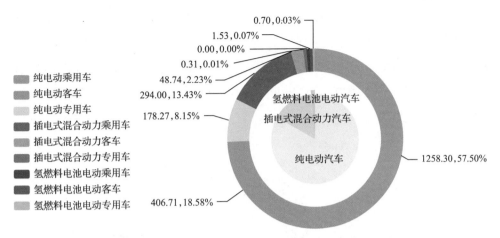

纯电动乘用车
纯电动客车
纯电动专用车
插电式混合动力乘用车
插电式混合动力客车
插电式混合动力专用车
氢燃料电池电动乘用车
氢燃料电池电动客车
氢燃料电池电动专用车

0.70,0.03%
1.53,0.07%
0.00,0.00%
0.31,0.01%
48.74,2.23%
294.00,13.43%
178.27,8.15%
406.71,18.58%
1258.30,57.50%

氢燃料电池电动汽车
插电式混合动力汽车
纯电动汽车

图 3-9　不同动力类型车辆累计行驶里程（亿 km）及占比

分应用场景来看，私人乘用车累计接入量 405.93 万辆，全国占比超过 61.00%，乘用车规模化推广带来的车辆累计行驶里程显著领先于其他应用场景车辆。截至 2021 年 12 月 31 日，私人乘用车累计行驶里程 621.60 亿 km，占比 28.40%；商用车领域，公交客车和物流特种车累计行驶里程表现突出，分别为 417.88 亿 km 和 173.80 亿 km，占比分别为 19.09% 和 7.94%（图 3-10）。

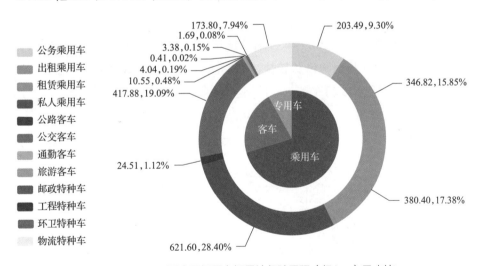

公务乘用车
出租乘用车
租赁乘用车
私人乘用车
公路客车
公交客车
通勤客车
旅游客车
邮政特种车
工程特种车
环卫特种车
物流特种车

173.80,7.94%
1.69,0.08%
3.38,0.15%
0.41,0.02%
4.04,0.19%
10.55,0.48%
417.88,19.09%
24.51,1.12%
621.60,28.40%
203.49,9.30%
346.82,15.85%
380.40,17.38%

专用车
客车
乘用车

图 3-10　不同应用场景车辆累计行驶里程（亿 km）及占比

日均行驶里程方面，2021 年各细分市场日均行驶里程均有所提高，乘用车营运车辆日均行驶里程增幅较大

近三年来，各细分市场受疫情影响，车辆日均行驶里程有一定波动。

2020 年，网约车、出租车日均行驶里程相较于 2019 年有所下降。2021 年以来，各细分市场的日均行驶里程均实现不同程度增长。其中，乘用车营运领域，网约车、出租车、共享租赁车日均行驶里程同比增幅较大，2021 年车辆日均行驶里程分别为 168.6km、201.9km、124.0km，分别同比增长 6.8%、8.3%、24.5%（图 3–11）。

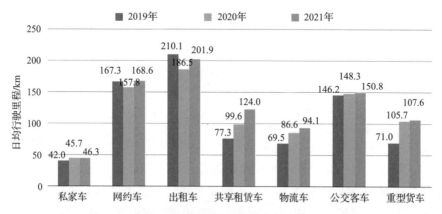

图 3-11　新能源汽车重点细分市场历年日均行驶里程情况

注：“重型货车”引用国家监管平台固有标签“专用车”，按照公安部标准 GA 801—2019《机动车查验工作规程》选取总质量 ≥ 12000kg 的专用车，作为重型货车细分市场研究对象。

月均行驶里程方面，2021 年各细分市场车辆月均行驶里程均有所增长，公共领域车辆月均行驶里程增长较快，车辆运行端节能降碳效果更突出

2021 年，各细分市场车辆月均行驶里程均有所增长（图 3-12）。乘用车营运领域，网约车、出租车、共享租赁车月均行驶里程分别为 4265km、4839km、3103km，相较于 2020 年增幅较大，分别为 19.1%、16.3%、18.8%；

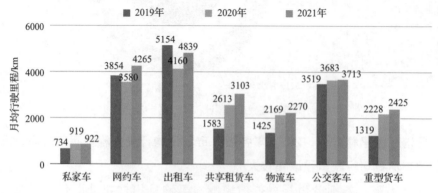

图 3-12　新能源汽车重点细分市场历年月均行驶里程情况

商用车领域，物流车、重型货车月均行驶里程分别为 2270km、2425km，相较于 2020 年增长 4.7%、8.8%。公共领域车辆历年月均行驶里程历基本稳定，车辆运行端节能降碳运行效果明显更突出。

3.1.4　新能源汽车充电特征

1. 车辆充电方式变化特征

除私家车外，其他细分市场车辆月均快充次数占比均呈现逐年增长的趋势

根据国家监管平台数据显示，从历年月均快充次数占比变化情况来看（图 3-13），除私家车外，细分市场的车辆快充次数占比均呈现逐年增长的发展趋势。具体到各细分市场快充次数分布来看，2021 年网约车、出租车、共享租赁车、物流车、公交客车、重型货车的快充次数占比均在 50% 以上。

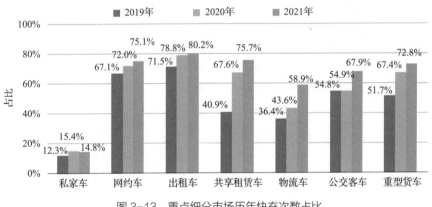

图 3-13　重点细分市场历年快充次数占比

2. 车辆充电时长特征

近两年重点细分市场车辆次均充电时长相较于 2019 年总体呈现下降趋势

从各细分市场来看，近两年来重点细分市场次均充电时长总体呈现下降趋势（图 3-14）。2021 年，私家车次均充电时长 3.7h，相较于 2019 年和 2020 年呈现逐年下降趋势；网约车、出租车、共享租赁车、公交客车、重型货车等细分市场快充占比较高，车辆次均充电时长较短，介于 1~2h。重点细分市场次均充电时长与快充次数比例存在较强的相关关系，对比图 3-14 和图 3-15 发现，各年度分类型车辆的快充次数占比越高，次均充电时长越短。

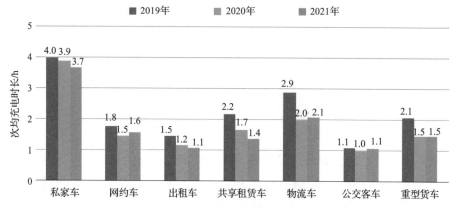

图 3-14　重点细分市场历年次均充电时长

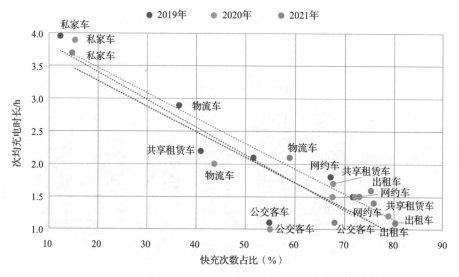

图 3-15　重点细分市场历年次均充电时长快充次数占比的相关关系

3. 车辆充电次数特征

2021 年各细分市场车辆月均充电次数均有所增长，营运车辆月均充电次数增幅显著，新能源汽车在公共领域常态化运行中扮演越来越重要的角色

2021 年各细分市场的车辆月均充电次数均有所提高（图 3-16）。其中，出租车、共享租赁车、公交客车增幅较大，同比分别提高 43.4%、68.9%、38.4%；月行驶里程与月充电次数有较强的相关关系（图 3-17），出租车、公交客车、网约车月充电次数高，月行驶里程也相对较高。新能源汽车在公共交通领域常态化运行方面，逐渐替代传统燃油车，扮演越来越重要的角色，进一步助力交通领域低碳化。

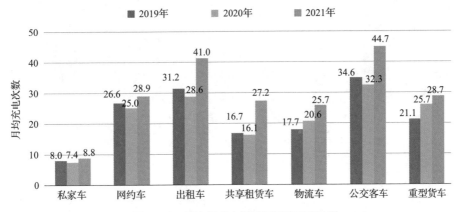

图 3-16 重点细分市场历年月均充电次数

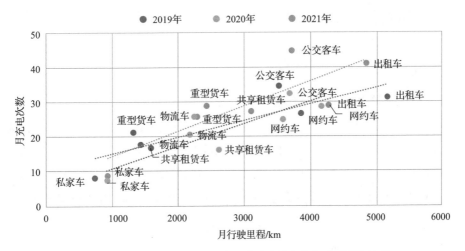

图 3-17 重点细分市场历年月充电次数与月行驶里程的关系

4. 充电起始 SOC 特征

各细分市场车辆充电起始 SOC 均值基本保持一致，商用车充电起始 SOC 较高

近三年来，各细分市场历年充电起始 SOC 均值基本保持一致（图 3-18）。商用车领域，物流车、公交客车、重型货车的充电起始 SOC 均值普遍略高于乘用车的充电起始 SOC 均值，这与商用车运行规律、多采用专用充电桩充电等因素密切相关。

图 3-18 重点细分市场历年充电起始 SOC 均值

3.2 新能源汽车动力电池应用特征分析

3.2.1 能量密度变化特征

动力电池单体及系统能量密度整体持续提升

政府与市场协同发力下，共同推动我国新能源汽车技术提升与创新，新能源汽车动力电池能量密度等核心技术指标持续改善。从分类型车辆动力电池能量密度变化情况来看（图 3-19），纯电动乘用车领域，2021 年纯电动乘用车动力电池单体能量密度和系统能量密度分别为 211W·h/kg 和 149W·h/kg，

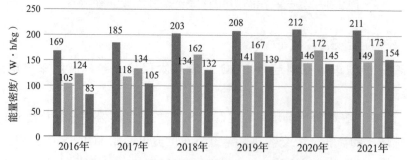

图 3-19 分类型车辆动力电池单体和系统历年能量密度变化情况

数据来源：工业和信息化部装备发展中心《中国汽车产业发展年报》。

相较于 2016 年分别提升 24.9% 和 41.9%；纯电动客车领域，2021 年纯电动客车动力电池单体能量密度和系统能量密度分别为 173W·h/kg 和 154W·h/kg，相较于 2016 年分别提升 39.5% 和 85.5%。伴随着电池配套技术提升和成组效率要求提高，小模组逐渐向大模组演变，动力电池系统逐步实现从传统电池包向 CTP、CTC、滑板底盘形态过渡，动力电池能量密度将进一步提升，高集成化、高能量密度成为纯电平台发展趋势。

3.2.2　销售区域分布特征

新能源汽车在全国普及进程加速，广东省累计接入电池电量领先优势明显

根据国家溯源管理平台数据显示，从车辆销售区域来看，广东省累计推广新能源汽车总量最多，领先优势明显，车辆数达到 122.6 万辆，电量合计 64.6GW·h，电池包达到 182.0 万包，全国车辆数占比超过 15%。浙江省、上海市、北京市、江苏省等限购城市及经济发达省份位列前五位，主要是国家推广新能源的先行区域，充电设施建设相对完善，用户对新能源汽车接受度相对较高，有效促进了新能源汽车的快速推广，正在使用的新能源汽车车辆数分别达到 72.4 万辆、66.6 万辆、50.9 万辆、50.3 万辆（图 3-20）。山东省和河南省等非限购省份大力推行新能源汽车下乡活动，各地方政府和企业积极推动公共领域率先实现电动化，充电配套设施建设也在不断完善，充电难、充电慢等问题逐步解决，消费者对新能源的认知度和接受度持续提升，正在使用的新能源汽车车辆数也接近 50 万辆，排名靠前。

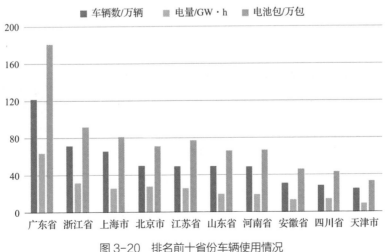

图 3-20　排名前十省份车辆使用情况

从全国各省份历年新能源汽车销售车辆排名情况看，历年排名前三、排名前五、排名前十省份车辆使用全国占比一直保持在较高水平，尤其是排名前五省份累计占比在逐年上升，2021 年排名前十省份累计全国占比为 71.1%，集中度处于较高水平（图 3-21）。

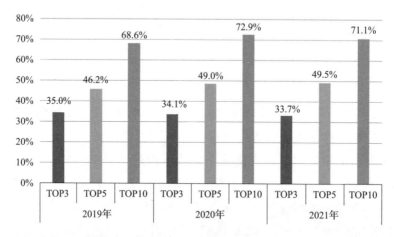

图 3-21　2019—2021 年全国排名前三、前五、前十省份车辆销量占比

从全国各城市历年新能源汽车销售车辆排名情况看，北上广深等限购城市新能源汽车销量一直位列前位，接入电量占比排名也处于较高地位，但 2021 年北京市、上海市、广州市及深圳市等城市接入电量占比较 2020 年明显下降，在地方政府加大推广新能源汽车力度的情况下，郑州市、石家庄市等省会城市接入电量占比有所提升，无锡市、东莞市等也是首次进入排名前二十的城市，同时排名前二十城市的电量占比较 2020 年明显下降，新能源汽车在全国普及进程加速，新能源汽车市场正在快速扩张。

表 3-3　2019—2021 年排名前二十城市销售车辆的电量占比情况

排名	2019 年		2020 年		2021 年	
	城市	全国占比	城市	全国占比	城市	全国占比
1	北京市	8.0%	北京市	14.6%	北京市	12.3%
2	深圳市	7.7%	上海市	9.1%	上海市	8.2%
3	广州市	6.1%	广州市	5.3%	天津市	4.9%
4	上海市	3.8%	深圳市	5.3%	广州市	4.7%
5	合肥市	3.7%	天津市	3.7%	深圳市	4.2%

（续）

排名	2019 年		2020 年		2021 年	
	城市	全国占比	城市	全国占比	城市	全国占比
6	杭州市	3.1%	杭州市	3.5%	杭州市	4.0%
7	西安市	2.9%	成都市	2.8%	成都市	3.1%
8	成都市	2.8%	重庆市	2.0%	南京市	2.1%
9	东莞市	2.5%	苏州市	1.9%	重庆市	2.0%
10	天津市	2.4%	郑州市	1.7%	郑州市	2.0%
11	郑州市	2.4%	长沙市	1.4%	苏州市	1.8%
12	武汉市	2.1%	宁波市	1.4%	温州市	1.4%
13	长沙市	1.8%	海口市	1.3%	武汉市	1.4%
14	重庆市	1.8%	西安市	1.3%	宁波市	1.4%
15	太原市	1.5%	武汉市	1.2%	石家庄市	1.3%
16	青岛市	1.4%	温州市	1.2%	西安市	1.3%
17	温州市	1.4%	柳州市	1.2%	长沙市	1.1%
18	苏州市	1.4%	合肥市	1.2%	无锡市	1.1%
19	保定市	1.3%	南京市	1.1%	青岛市	1.0%
20	柳州市	1.2%	佛山市	1.0%	东莞市	0.9%
	总计	59.3%	总计	62.2%	总计	60.2%

3.2.3　电池类型分布特征

三元电池仍是动力电池市场主体，磷酸铁锂电池市场占比大幅提升

根据国家溯源管理平台数据显示，从各省份接入电池类型情况来看，多数省份累计接入电池以三元材料电池居多，三元材料电池仍是动力电池市场主体，占比超过 50%。其中，浙江省、上海市等省份三元材料电池的占比接近 60%，其主要原因是接入车辆以搭载三元材料电池的乘用车为主（图 3-22）。少数省份累计接入电池中以磷酸铁锂电池为主，其中，安徽省等省份磷酸铁锂电池的占比接近 60%，黑龙江省、吉林省、内蒙古自治区等省份磷酸铁锂电池的占比均超过 70%。

从不同电池类型历年销量占比情况来看，搭载磷酸铁锂电池的车辆占比逐渐提升，2021 年广东省、北京市及江苏省等省份销售的新能源汽车中搭载磁酸铁锂电池的占比均有显著提升（图 3-23），主要是由于磁酸铁锂 CTP 技术等，有效对冲原材料成本上涨压力，进一步助推磷酸铁锂电池在更大范围内推广。目前整车企业趋于选择使用性价比和安全性更高的磷酸铁锂电池，宁德时代、国轩高科等头部企业也调升磷酸铁锂电池产能，预计未来磷酸铁锂电池接入量或将继续增加。

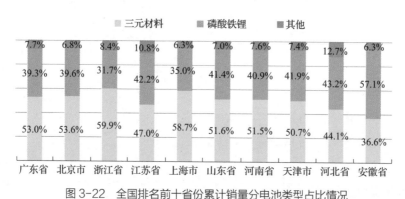

图 3-22　全国排名前十省份累计销量分电池类型占比情况

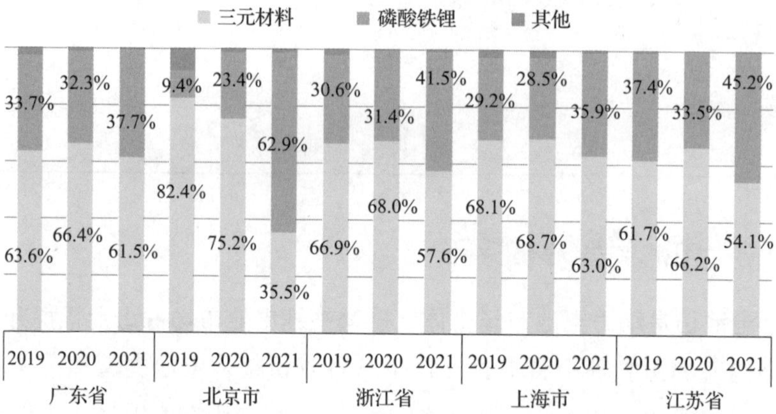

图 3-23　全国排名前五省份 2019—2021 年销量分电池类型占比情况

3.2.4　电池企业竞争格局

动力电池行业仍处于优胜劣汰的激烈竞争时期

基于国家对新能源汽车鼓励政策的实施，从 2014 年开始，动力电池行业早期呈现出多点并发的状态，带动了诸多大、中、小型电池生产企业的诞生和发展。近年来，随着新能源汽车需求的增长，以及用户对于车辆安全性、续驶里程等各方面的需求提升，对动力电池行业高端产能提出了新的要求。

在不断的演变和发展中，动力电池行业马太效应逐渐凸显。

根据国家溯源管理平台数据统计，我国近 5 年来新能源汽车配套电池企业在不断减少。2017 年配套企业达到 126 家，到 2021 年，已经减少到 77 家（图 3-24）。

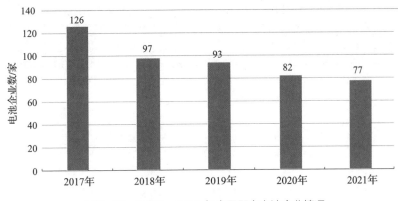

图 3-24　2017—2021 年全国配套电池企业情况

从整体上看，我国新能源汽车动力电池配套企业（按集团口径统计）累计超过 200 家。排名前三企业累计装机总电量占全国总量的 57.2%，排名前五企业累计装机总电量占全国总量的 65.0%，排名前十企业累计装机总电量占全国总量的 73.0%。宁德时代、比亚迪、国轩高科累计装机量排名前三，全国占比分别达到 35.1%、17.1%、5.0%（图 3-25）。

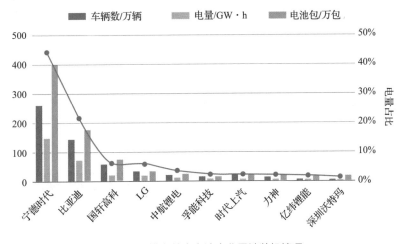

图 3-25　排名前十电池企业累计装机情况

从装机排名前十的企业历年装机情况来看，宁德时代、比亚迪、国轩高科等大型电池生产企业一直保持在行业的前端，龙头企业优势明显（表3-4），部分企业出于资金、技术等方面的原因，已退出动力电池市场，同时，也有新企业挤入前列，行业优胜劣汰趋势明显。

表3-4 2019—2021年排名前十的电池生产企业装机电量占比情况

排名	2019年		2020年		2021年	
	电池企业	全国占比	电池企业	全国占比	电池企业	全国占比
1	宁德时代	49.5%	宁德时代	46.1%	宁德时代	35.0%
2	比亚迪	15.5%	比亚迪	14.6%	比亚迪	17.0%
3	国轩高科	5.1%	LG	8.7%	LG	9.8%
4	力神	3.0%	中航锂电	5.6%	国轩高科	5.2%
5	亿纬锂能	2.8%	国轩高科	5.1%	时代上汽	4.2%
6	孚能科技	2.6%	时代上汽	2.5%	中航锂电	3.8%
7	中航锂电	2.4%	松下	1.7%	蜂巢能源	1.6%
8	深圳比克	1.0%	亿纬锂能	1.3%	孚能科技	1.3%
9	欣旺达	1.0%	星恒电源	1.3%	威马汽车	1.1%
10	卡耐新能源	1.0%	瑞浦能源	1.2%	京西重工（上海）	1.1%

与车企的捆绑程度，是电池企业产能落地的重要因素。从动力电池生产企业与车企的供应关系上看，累计装机排名进入前十的企业中，宁德时代为约200家企业供应配套电池，成为绝大多数自主企业、新势力企业及合资企业的主要供应商；比亚迪汽车坚持自主研发，多业务协同发展，其配套电池以自供为主；国轩高科主要为通用五菱、奇瑞新能源、安徽江淮提供电池；中航锂电主要供应广汽乘用车、长安汽车、广汽丰田等车企（表3-5）。从整体的供应关系、供应量上看，宁德时代具有绝对优势，二三线电池企业对于单一车企具有相对较高的依赖性。

表3-5 各电池生产企业近三年累计配套车企情况

电池企业	配套车企/家	主要配套车企
宁德时代	223	郑州宇通、上海蔚来、北京汽车、特斯拉、浙江豪情、肇庆小鹏、长城汽车、北京新能源汽车、上海汽车、中车时代
比亚迪	21	比亚迪汽车工业、比亚迪汽车、广州广汽比亚迪、中国第一汽车、天津比亚迪、北京华林特装车、深圳腾势、重庆长安、长沙中联重科、重庆金康

（续）

电池企业	配套车企/家	主要配套车企
国轩高科	96	通用五菱、安徽江淮、奇瑞新能源、安徽安凯、北京新能源汽车、奇瑞商用、重庆长安、中通客车、重庆瑞驰、浙江零跑
中航锂电	43	广汽乘用、重庆长安、东风汽车、合肥长安、广汽丰田、中通客车、奇瑞新能源、肇庆小鹏、江苏吉麦、浙江豪情
时代上汽	7	上海汽车、上汽大众、上汽大通、上汽通用、联合汽车、华域麦格纳、上海大众
孚能科技	22	北京汽车、广汽乘用、北汽新能源常州、长城汽车、江铃控股、北京新能源汽车、中国第一汽车、南京金龙、江苏吉麦、重庆长安
亿纬锂能	52	南京金龙、肇庆小鹏、吉利四川、东风汽车、广州小鹏、江苏陆地方舟、山西新能源、梅赛德斯-奔驰（中国）、浙江合众、深圳开沃
河南鹏辉	24	通用五菱、广西汽车、江苏吉麦、东风汽车、湖南江南汽车、柳州五菱、奇瑞商用车、北京汽车制造厂、江西昌河、河北长安

整体来说，动力电池行业仍处于优胜劣汰的激烈竞争时期，部分二三线电池企业，需更加注重技术研发工作，形成优势技术积累，未来有望成为竞争优势。在现阶段动力电池需求猛增的时期，做好产业布局，有效发挥实力优势，是能否胜出的关键，竞争过后留下的将会是具有真正核心竞争力的企业。

3.3 动力电池退役量预测

3.3.1 退役量预测方法介绍

实现动力电池精准化退役预测，对回收利用政策法规制定、产业布局规划及回收利用网络建立具有重要支撑意义。为此，本报告基于国家溯源管理平台动力电池基础数据库，结合动力电池各项寿命影响因素，介绍了一套完整的、单车维度的动力电池退役预测评估方法。

1. 评估方法框架

动力电池退役预测评估是根据各类型新能源汽车动力电池不同性能特征，以及在不同应用场景下性能发挥与衰减速率差异，同时结合电池老化机理，建立预测模型，对电池使用寿命进行模拟计算，从而实现对电池退役时间、退役量等维度的预测。

动力电池退役预测主要将与动力电池相关的使用时间、装车类型、电池类型、停用信息、维修记录等静态信息与车辆充放电信息、电池容量衰减、车辆行驶里程等动态信息相融合，最终通过使用年限、使用里程、容量衰减率三大类指标实现电池退役的综合判断。模型构建过程中可形成通过大数据分析使用年限及使用里程两大类指标得到的基础退役模型，以及通过分析处理充放电数据并进行模型训练得到的电池容量衰减预测模型，综合使用基础退役模型与电池容量衰减预测模型，可精准预测新能源汽车动力电池未来退役趋势（图3-26）。

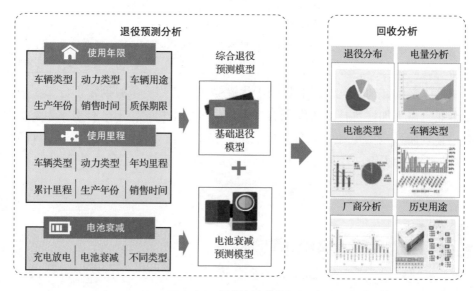

图3-26 评估方法整体框架

2. 基础退役预测模型

基础退役预测模型主要考虑到近几年来我国动力电池在容量、寿命等方面的技术进展，以及不同应用场景下动力电池性能衰退的特性，划分不同的分析场景，再通过各场景下大数据统计分析结果，进行阈值的设定。阈值设定之后，分别基于使用年限和使用里程进行计算得到预测值，最后将以上两种预测值进行综合运算，从而得到更为精准的预测结果。

基于使用年限的相关阈值设定，主要以电池的生产年份、车辆销售时间、车辆类型、动力类型、电池类型、车辆用途、电池保质期等为主要划分依据，并对不同种场景下退役电池样本进行大数据统计分析，最终设置各场景下电池使用年限阈值。

基于使用里程的相关阈值设定，主要以电池的生产年份、车辆销售时间、车辆类型、动力类型、电池类型、累计里程、年均里程等因素为主要划分依据，并对不同种场景下退役电池样本里程信息进行大数据统计分析，最终设置各场景下电池累计使用里程阈值。

3. 容量衰减预测模型

电池容量衰减预测模型主要综合考虑动力电池老化机理，以及电池使用过程中的充放电电流、持续时间、电压变化、温度变化、SOC 变化以及使用频率、周期性等因素，对动力电池每次充电行为进行数据分析，并以数据模型化手段进行数据拟合和预测。

容量衰减预测主要分为以下几个步骤，数据采集与清洗、容量数据拟合、模型分析、准确性验证、最终预测结果输出。基于车辆每次充电放电数据，进行历史容量的计算，并形成车辆容量样本数据库，以初始容量的 80% 作为预测结束阈值，经过模型分析，最终输出电池退役时间预测值（图 3-27）。

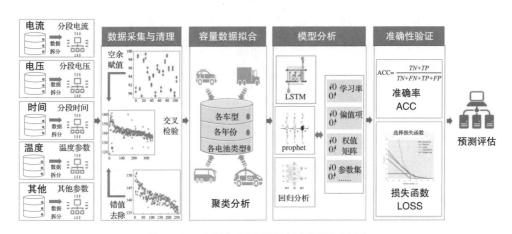

图 3-27　容量衰减预测模型分析过程示意图

4. 综合预测模型

基于对动力电池动态数据质量、模型覆盖范围以及预测方法合理性、准确性等因素综合考虑，将基础退役预测模型与容量衰减预测模型进行深度融合，最终形成综合预测模型。基础退役预测模型侧重于静态信息，对电池充放电数据质量要求较低，普适性强，覆盖范围广，但不同车辆个性化特征因素分析较少。容量衰减预测模型则是基于动力电池历史充放电数据及各项影响因素进行大数据分析，预测结果更具准确性，但对电池动态数据质量要求高。因此，综合预测模型的核心目标为优先选用容量衰减预测模型进行预测分析，当数据质量及电池其他各项条件不满足容量衰减预测模型基本条件时，选用基础退役预测模型进行预测。综合预测模型具有普适性强、准确率高、维度细的优点，能够输出高精度、多维度退役预测信息。

3.3.2 退役量预测结果分析

本报告基于国家溯源管理平台车辆信息，综合利用上述动力电池退役预测模型，对我国正在使用的新能源汽车动力电池进行数据分析和预测。相关预测结果如下：

1. 未来 5 年退役总量

未来 5 年内，每年的退役电池电量均超过 20GW·h，2026 年将超过 30GW·h，按质量计算超过 15 万 t。预计到 2025 年，动力电池累计退役量将达到 110.8GW·h、75.1 万 t；到 2026 年，动力电池累计退役量将达到 142.2GW·h、92.6 万 t（图 3-28）。整体来说，我国即将进入动力电池大规模退役时期。

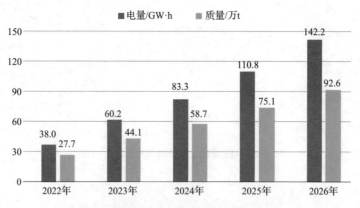

图 3-28　全国未来 5 年动力电池累计退役情况

2. 退役动力电池车辆类型分布

从退役动力电池车辆类型来看，退役动力电池主要来源于新能源乘用车。

2026 年，新能源乘用车退役车辆数预计超过 41.2 万辆，动力电池退役量预计超过 16.7GW·h；新能源客车退役车辆数预计超过 6.7 万辆，动力电池退役量预计超过 12.0GW·h；新能源专用车退役车辆数预计超过 4.1 万辆，动力电池退役量预计超过 2.6GW·h（图 3-29）。

图 3-29　未来 5 年不同车辆类型年度退役情况

3. 退役动力电池区域分布

从退役动力电池省份分布来看，广东省电池退役量位居首位，2026 年广东省累计退役电量将达到 23.7GW·h，与其他省份相比差异显著，一定程度上呈现出当前广东省新能源汽车推广效果较好；浙江省、江苏省等地的电池退役量分别位列二、三位，2026 年累计退役电量将分别达到 7.9GW·h 和 7.8GW·h（图 3-30）。

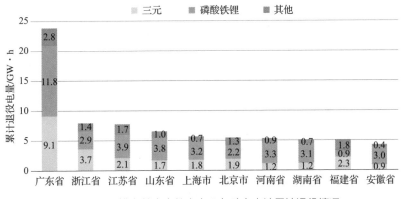

图 3-30　排名前十省份未来 5 年动力电池累计退役情况

4. 退役动力电池材料类型分布

从各类型电池退役量来看，现阶段磷酸铁锂电池为主要退役电池，三元电池退役量占比逐年增长，2026年，三元电池退役量占比将接近50%（图3-31）。

图 3-31　各电池类型未来 5 年年度退役情况

5. 各电池生产企业退役预测

从各电池生产企业电池退役量来看，未来 5 年内，宁德时代和比亚迪的退役电池电量一直较高，显著高于其他电池企业退役量。其中，宁德时代电池退役量每年逐步增长，比亚迪电池退役量则在2024年会出现一个峰值。另外，国轩高科、中航锂电、亿纬锂能、深圳沃特玛等电池生产企业，未来 5 年内也会有部分电池进入退役期，退役量分别位于当年前五（图3-32）。

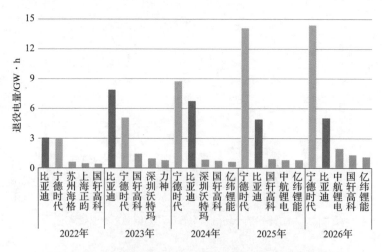

图 3-32　主要电池生产企业配套电池未来 5 年退役情况

3.4 动力电池残值评估

　　根据前文结果，未来 5 年将会有大量早期装机的动力电池进入退役阶段。但目前退役动力电池回收利用前面临检测流程长、周期长以及时间成本高等痛点，其中最主要的是电池性能检测的技术难度较大且线下拆解检测成本较高，同时退役动力电池残值评估等梯次利用关键技术亟待突破。为此，本报告充分利用国家监管平台运行大数据和国家溯源管理平台基础数据库，基于电池老化机理，采集电流、电压、温度、SOC 等重要参数，对电池剩余容量等重要指标进行评估，提出动力电池残值评估系统方案。

3.4.1 动力电池残值评估方法介绍

　　本报告基于大数据的开发技术，构建车载动力电池状态评估模型，实现车辆动力电池状态的监测，结合车辆使用情况、电池特征参数的统计分布等特征信息，构建老化预测模型，估计电池容量老化规律，以达到预测剩余寿命的功能目标。

　　动力电池残值评估系统方案分为 5 个部分，分别为数据预处理模块、特征标准数据库模块、电池容量值提取、模型构建和结果输出模块（图 3-33）。

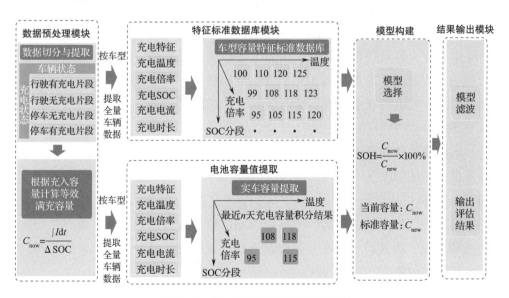

图 3-33　动力电池残值评估系统方案

首先，基于国家监管平台运行数据，结合动力电池评估特征提取需求，对车辆运行数据进行预处理。其次，处理后的车辆运行数据经过分类后，针对每一类型的车辆进行容量特征的提取，生成容量特征标准数据库。然后，对车辆的运行数据进行同样的分类与特征提取，得到标准电池当前状态的容量特征。最后通过对比当前特征与特征标准库中的对应特征值，计算出当前车辆动力电池健康状态，同时输出结果供上层可视化应用程序调用。

第一步，对数据进行预处理。因接收到的数据存在无法适用切分标准的数据条目，此类数据属于异常数据，对于该部分数据采用删除方式处理。在数据切分时，因车辆运行数据质量问题极其复杂，造成数据质量问题的原因及其产生的影响无法准确判断，为了使切分结果能够广泛适用于各类型产品和服务的数据需求，基于 GB/T 32960—2016《电动汽车远程服务与管理系统技术规范》，根据国标字段中车辆状态、充电状态等字段将其分为停车、行驶、充电等片段。在片段划分后，需设定一定的规则对整个片段数据重组，将单辆车的行驶、停车、充电等状态对应一条数据集合。

第二步，对数据进行分类，得到新车容量特征标准值。不同工况（温度、倍率、SOC 等）下的满充容量大小不同，相似的工况需使用同一个特征标准数据库的数据。因此，在依据车辆种类、动力电池电化学体系和车辆型号对车辆进行分类后，还需要按照充电工况特征进行进一步划分。新车容量特征标准值使用车辆累计里程小于一定阈值（如 5000km 或 10000km）的数据进行聚合计算。

第三步，容量评估值提取。按照上述相同分类规则，但是不再限制筛选车辆的里程数据。定期提取车辆的充电数据积分得到当前车辆的满充容量，并按照当次充电的充电温度、充电倍率、充电 SOC 等特征关联得到新车相同工况下的容量特征标准值。

第四步，构建电池容量评估算法。在获取当前容量和相同工况下的标准容量值后，按照图 3-33 中的公式进行容量保持率的计算，从而得到容量表征的健康状态评估结果。

第五步，由于数据采集的不准确问题，单次计算的容量评估值存在很大的波动现象，因此需要根据实际情况进行滤波处理，滤波后的结果作为最终的容量评估结果。

3.4.2　动力电池残值评估技术应用

依托大数据开发的动力电池残值评估系统方案可实现多场景应用，首先通过对电池健康度、安全性，以及容量衰退方面的评估，可以衍生为车辆安全健康评分，车主驾驶安全预警的应用；其次为新能源二手车评估，助力二手车残值评估输出电池评估报告；最后是通过电池评估报告，提出退役电池梯次利用、再生利用评估建议的解决方案，加速退役电池市场化发展。

解决方案的核心是"线上电池残值评估，快速掌握电池性能；线下抽检或免检，降低线下检测成本。"首先，线上评估系统获取平台实时上传的动力电池和车辆运行数据，通过电池多维度性能评估算法和大数据智能分析技术，快速准确完成线上评估部分，并输出评估结果给到线下检测系统。90%的电池包可以直接通过线上评估的方式判断为梯次利用或者报废回收。可以直接降低相当于传统检测手段 90% 的时间成本和费用投入。因此，线上系统的优势在于能够大规模、快速、低成本、准确地评估。对于另外大约 10% 的电池包，会给出建议线下检测的结果，并全部转入线下检测系统。线下检测系统通过三种检测设备（大型综合式检测设备、小型一站式检测设备和移动便携式检测设备）获取电池数据。对于获取的关键数据，使用线下电池健康分析模型，对来料电池进行更加精准的健康度分析，给出梯次利用或报废回收的检测结果。线下检测的优势在于高达 99% 的精度，并且可以定位到问题模组或单体。同时对线上判断结果明确的 90% 的电池进行 1%~2% 的抽检，通过线下检测的结果，与线上评估结果比对进行优化算法，进一步提升线上评估的精准度。"线上评估＋线下检测"的全新模式可以在保证高检测精度的同时，达到大规模、快速、低成本的（多、快、好、省）检测目标。

第4章 政策法规

4.1 管理制度

4.1.1 国家层面政策发布情况

为了加强新能源电池回收利用管理，规范行业发展，推进资源综合利用，我国陆续出台多项政策举措，对产业链各环节的相关责任逐渐明晰，对回收利用企业的各项管理正在完善，对相关企业发展的鼓励支持日渐加码，电池回收利用政策体系加快构建，为行业发展提供有力保障。

从时间维度来看，我国动力电池回收利用政策发展历程可分为三个阶段。

第一阶段是初步探索阶段。2012—2015年，电池回收利用作为推广应用新能源汽车政策文件的部分条款出现，尚未形成主流电池技术路线，梯次利用为重点思路之一，缺乏系统的政策体系。2012年6月，《节能与新能源汽车产业发展规划（2012—2020年）》（国发〔2012〕22号）发布，文件提出要制定动力电池回收利用管理办法，建立动力电池梯次利用和回收管理体系，对动力电池回收利用体系及制度建设提出明确要求。2014年7月，《关于加快新能源汽车推广应用的指导意见》（国办发〔2014〕35号）发布，文件提出要研究制定动力电池回收利用政策，探索利用基金、押金、强制回收等方式促进废旧动力电池回收，建立健全废旧动力电池循环利用体系。

第二阶段是搭建框架阶段。2015—2018 年，国家陆续出台多项针对动力电池回收的政策举措，对回收利用管理、回收技术标准进行详细规定。2016 年 1 月，《电动汽车动力蓄电池回收利用技术政策（2015 年版）》正式发布，指导企业合理开展电动汽车动力电池的设计、生产及回收利用工作，建立上下游企业联动的动力电池回收利用体系。2016 年 2 月，《新能源汽车废旧动力蓄电池综合利用行业规范条件》和《新能源汽车废旧动力蓄电池综合利用行业规范公告管理暂行办法》（工业和信息化部公告 2016 年第 6 号）发布，规范条件对企业布局与项目建设条件，企业规模、装备和工艺，资源综合利用及能耗，环保要求，产品质量等方面做出严格的规定，明确申请公告的废旧动力电池综合利用企业应具备的条件和应提交的材料等。2016 年 12 月，《废电池污染防治技术政策》（环境保护部公告 2016 年第 82 号）发布，文件提出逐步建立废铅蓄电池、废新能源汽车动力电池等的收集、运输、贮存、利用、处置过程的信息化监管体系，鼓励采用信息化技术建设废电池的全过程监管体系。

第三阶段是体系建设阶段。2018 年至今，电池回收利用相关政策及配套举措出台速度明显加速，国家层面开始密集发布各项管理办法，增加试点方案，追加溯源管理，加大财税支持，提高行业规范度，助力清理整治行业生态乱象。2018 年 2 月，《新能源汽车动力蓄电池回收利用管理暂行办法》（工信部联节〔2018〕43 号）发布，文件对电池设计、生产及回收责任、综合利用、监管管理等方面做出明确的规定，为新能源汽车动力电池回收利用行业健康发展提供重要保障。自此，《关于组织开展新能源汽车动力蓄电池回收利用试点工作的通知》（工信部联节函〔2018〕68 号）、《新能源汽车动力蓄电池回收利用溯源管理暂行规定》（中华人民共和国工业和信息化部公告 2018 年第 35 号）、《新能源汽车动力蓄电池回收服务网点建设和运营指南》（中华人民共和国工业和信息化部公告 2019 年第 46 号）、《新能源汽车废旧动力蓄电池综合利用行业规范条件（2019 年本）》《新能源汽车废旧动力蓄电池综合利用行业规范公告管理暂行办法（2019 年本）》（中华人民共和国工业和信息化部公告 2019 年第 59 号）及《新能源汽车动力蓄电池梯次利用管理办法》（工信部联节〔2021〕114 号）等一系列配套政策逐一发布，回收利用政策体系建设初见成效。

总体来看，国家层面高度重视电池回收利用问题，在电池回收利用领域逐步构建以生产者责任延伸制度为基本原则的新能源电池回收利用政策体系框架，包括顶层制度、溯源管理、行业规范、试点示范、财税支持五个方面，并逐步形成、完善常态化行业监管机制，推动行业规范化、规模化发展。

1. 顶层制度

动力电池回收利用持续加强顶层规划，纳入"十四五规划"，引导企业建立电池回收网络

2017年1月，《生产者责任延伸制度推行方案》（国办发〔2016〕99号）（以下简称《推行方案》）发布，明确汽车生产企业承担动力电池回收利用主体责任，电动汽车及动力电池生产企业应负责建立废旧电池回收网络。随着《推行方案》的发布，一系列政策相继印发，旨在鼓励汽车与电池生产方建立自身电池回收点，增加电池回收业务。2021年5月，《关于印发汽车产品生产者责任延伸试点实施方案的通知》（工信部联节函〔2021〕129号）发布，进一步探索建立易推广、可复制的汽车产品生产者责任延伸制度实施模式，提升资源综合利用水平。

2020年9月起，新修订的《固体废物污染环境防治法》开始施行，其中第六十六条规定："电器电子、铅蓄电池、车用动力电池等产品的生产者应当按照规定以自建或者委托等方式建立与产品销售量相匹配的废旧产品回收体系，并向社会公开，实现有效回收和利用"。首次将建立车用动力电池等产品的生产者责任延伸制度纳入法律，从顶层设计上对构建车用动力电池回收处理制度体系做出重要安排。

2020年11月，《新能源汽车产业发展规划（2021—2035年）》（国办发〔2020〕39号）提出加快推动动力电池回收利用立法。完善动力电池回收、梯级利用和再资源化的循环利用体系，鼓励共建共用回收渠道。建立健全动力电池运输仓储、维修保养、安全检验、退役退出、回收利用等环节管理制度，加强全生命周期监管。

2021年2月，《关于加快建立健全绿色低碳循环发展经济体系的指导意见》（国发〔2021〕4号）鼓励地方建立再生资源区域交易中心，加快落实生产者责任延伸制度，引导生产企业建立逆向物流回收体系。2021年7月，

《"十四五"循环经济发展规划》（发改环资〔2021〕969号）发布，文件提出十一项重点工程与行动，将开展废旧动力电池循环利用行动列为其中之一，要加强新能源汽车动力电池溯源管理平台建设，完善新能源汽车动力电池回收利用溯源管理体系。培育废旧动力电池综合利用骨干企业，促进废旧动力电池循环利用产业发展。2021年11月，《"十四五"工业绿色发展规划》（工信部规〔2021〕178号）发布，文件提出到2025年将建成较为完善的动力电池回收利用体系。2022年1月，《关于加快推动工业资源综合利用的实施方案》（工信部联节〔2022〕9号）再次提出要完善废旧动力电池回收利用体系。具体提出要推动产业链上下游合作共建回收渠道，构建跨区域回收利用体系；推进废旧动力电池在备电、充换电等领域安全梯次应用。在京津冀、长三角、粤港澳大湾区等重点区域建设一批梯次和再生利用示范工程。培育一批梯次和再生利用骨干企业，加大动力电池无损检测、自动化拆解、有价金属高效提取等技术的研发推广力度。

加快落实生产者责任延伸制度，管理政策联动实施，推动形成电池回收利用长效管理机制

2018年2月，基于生产者责任延伸原则、产品全生命周期管理原则、有法可依原则及政府引导与市场相结合原则，《新能源汽车动力蓄电池回收利用管理暂行办法》（工信部联节〔2018〕43号）（以下简称《管理暂行办法》）发布，并于2018年8月1日起实施，明确各相关主体责任，以动力电池编码标准和溯源信息系统为基础，实现动力电池产品来源可查、去向可追、节点可控、责任可究，构建全生命周期管理机制。在《管理暂行办法》的指导下，建立回收利用体系、实施溯源管理、完善标准体系及抓好试点示范等重点工作有序开展。随着行业转型升级和技术进步，《管理暂行办法》亟须修订，2021年4月，工业和信息化部发布《工业和信息化部2021年规章制定工作计划》，其中提到，将加快审查或者起草《新能源汽车动力蓄电池回收利用管理办法》等项目，新的管理办法或将加速发布。

2021年11月，工业和信息化部发布《新能源汽车动力蓄电池梯次利用管理办法》（工信部联节〔2021〕114号）（以下简称《梯次利用管理办法》），明确梯次产品生产、使用、回收利用全过程相关要求，完善梯次利用管理机制（图4-1）。《梯次利用管理办法》涉及梯次利用企业要求、梯次产品要求、回收利用要求、监督管理等内容，主要内容如下：一是总则，明确管理原则、适用范围及相关企业责任，提出部门协同监管要求，支持技术创新；二是梯次利用企业要求，《梯次利用管理办法》对企业的技术开发、管理制度建设、产品质量保证及溯源管理等作出规定；三是梯次产品要求，《梯次利用管理办法》中对产品设计试验，编码及包装运输等作出规定，确定建立梯次产品自愿性认证制度；四是回收利用要求，梯次利用企业要建立报废梯次产品回收体系，确保报废梯次产品规范回收与合规处置；五是监督管理，明确县级以上地方工业和信息化、市场监管、生态环境及商务主管部门监管职责，发挥社会监督及专家委员会的支撑作用。

《梯次利用管理办法》的出台，一是落实生产者责任延伸制度，梯次利用企业作为梯次产品的生产者，履行生产者责任，承担保障梯次产品质量及产品报废后回收的义务；二是促进开展梯次产品全生命周期管理，梯次利用企业落实动力电池溯源管理要求，对梯次产品生产、使用及回收利用等过程实施监控，确保全过程可追溯；三是推动产业链上下游完善协作机制，梯次利用企业在动力电池全生命周期产业链中具备承上启下的地位，鼓励企业与上下游企业在回收体系共建、数据信息共享及知识产权保护等方面加强协调。总体上与已实施的政策举措形成联动，形成合力，强化动力电池梯次利用监督管理，推动形成有利于电池回收利用行业健康发展的长效机制。

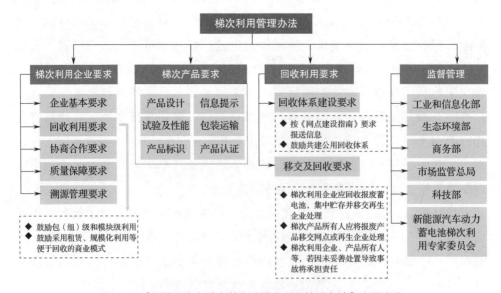

图 4-1 《新能源汽车动力蓄电池梯次利用管理办法》主要内容

2. 溯源管理

溯源管理规定与平台同步出台，责任主体逐渐明确，全过程溯源信息监管体系完成构建

2018 年 7 月，《新能源汽车动力蓄电池回收利用溯源管理暂行规定》（中华人民共和国工业和信息化部公告 2018 年第 35 号）（以下简称《溯源管理暂行规定》）发布，自 2018 年 8 月 1 日起施行，对新获得《道路机动车辆生产企业及产品公告》的新能源汽车产品和新取得强制性产品认证的进口新能源汽车实施溯源管理，提出对动力电池生产、销售、使用、报废、回收、利用等全过程进行信息采集，对各环节主体履行回收利用责任情况实施监测，同时对各责任主体上传溯源信息的内容、时间节点及程序等提出明确要求。2019 年 12 月，为督促企业加快履行动力蓄电池溯源和回收责任，及时、准确、规范上传溯源信息，工业和信息化部发布《关于进一步做好新能源汽车动力蓄电池回收利用溯源管理工作的通知》（以下简称《通知》），要求各地方全面开展企业溯源管理核查与履责督导，建立核查情况报告机制。

《管理暂行办法》和《溯源管理暂行规定》的发布及实施，明确了动力电池全生命周期溯源管理思路及程序。为确保动力电池回收利用溯源管理有效开展，工业和信息化部开发上线了"新能源汽车国家监测与动力蓄电池回收利用溯源综合管理平台"（以下简称国家溯源管理平台），实现动力电池生产、销售、使用、报废、回收、利用等全过程信息监管。

电池生产企业方面，2018 年 2 月 1 日，《关于开通汽车动力蓄电池编码备案系统的通知》（中机函〔2018〕73 号）正式发布，要求从事汽车动力电池（含梯级利用）生产、在中国境内销售动力电池产品的独立法人企业按照《汽车动力蓄电池编码规则》（GB/T 34014—2017）和通知的要求，通过"汽车动力蓄电池编码备案系统"，申请厂商代码，并备案编码中"规格代码"和"追溯信息代码"的编制规则，从而规范编码的编制、标识和使用。

汽车生产企业方面，2017 年 7 月，《新能源汽车生产企业及产品准入管理规定》（中华人民共和国工业和信息化部令第 39 号）（以下简称《准入管理规定》）开始施行，要求新能源汽车生产企业实施新能源汽车动力电池溯源信息管理，跟踪记录动力电池回收利用情况；修改后的《准入管理规定》于 2020 年 9 月实施，动力电池溯源信息管理相关规定延续原要求。

回收拆解企业方面，2020 年 8 月，《报废机动车回收管理办法实施细则》

（中华人民共和国商务部令2020年第2号）（以下简称《实施细则》）发布，自2020年9月1日起施行。《实施细则》提出回收拆解企业应当按照国家对新能源汽车动力电池回收利用管理有关要求，对报废新能源汽车的废旧动力电池或者其他类型储能装置进行拆卸、收集、贮存、运输及回收利用，加强全过程安全管理；回收拆解企业应当将报废新能源汽车车辆识别代号及动力电池编码、数量、型号、流向等信息，录入国家溯源管理平台。

3. 行业规范

行业规范举措修订完善，规范企业评审有序推进，事中事后监管力度加强

为加强新能源汽车废旧动力电池综合利用行业管理，规范行业和市场秩序，工业和信息化部于2016年发布《新能源汽车废旧动力蓄电池综合利用行业规范条件》（以下简称《规范条件》）和《新能源汽车废旧动力蓄电池综合利用行业规范公告管理暂行办法》（以下简称《公告管理暂行办法》）（中华人民共和国工业和信息化部公告2016年第6号），明确定义新能源汽车废旧动力电池梯次利用和再生利用过程，细化和区分相关企业从事梯次利用和再生利用应满足的不同要求。为了适应行业发展新趋势，提升行业发展水平，工业和信息化部对两个文件2016年本进行修订，并于2019年12月16日发布了2019年本正式文件。新版《规范条件》充分与现已发布的新能源汽车动力电池回收利用管理政策相衔接，并强化企业在溯源管理及回收体系建设等方面的能力，《公告管理暂行办法》明确对符合《规范条件》的企业实施动态目录管理，对新建企业和已公告企业均提出要求，并强化事中事后监管。两个文件的修订和发布对提高动力电池综合利用水平，促进行业技术进步和规范发展具有重要意义。

按照工业和信息化部相关规定，符合《新能源汽车废旧动力蓄电池综合利用行业规范条件》企业名单已发布三批，第一批5家企业，第二批22家企业，第三批20家企业（表4-1~表4-3）。另外，根据政策要求，满足条件的企业要具备先进的生产设施设备及元素提取工艺，回收规模要符合相应条件规定，进一步促进动力电池产业的规范化发展。

按照落实《管理暂行办法》的要求，及时掌握动力电池回收利用情况，2021年3月9日，工业和信息化部下发《关于开展新能源汽车动力电池回收利用监测工作的通知》，要求企业建立回收利用台账并完善信息报送机制。

2021 年 9 月 13 日，工业和信息化部下发《关于加强已公告再生资源综合利用规范企业动态管理工作的通知》，要求建立季度报告机制，按季度追踪已公告企业生产运行情况。2022 年 2 月 9 日，工业和信息化部下发《关于组织开展再生资源综合利用行业规范企业申报并做好已公告企业事中事后监管工作的通知》，要求落实动态报告机制，并督促已公告企业开展年度自查。按照上述要求，企业层面分别完成动力电池回收动态监测月度报表、企业季度生产运行情况表及行业规范条件执行情况和企业发展年度报告，政府层面则要加强企业监督管理及数据审核工作，从而掌握行业运行情况，提升综合利用行业总体水平。

表 4-1　《新能源汽车废旧动力蓄电池综合利用行业规范条件》企业名单（第一批）

序号	所属地区	企业名称
1	浙江	衢州华友钴新材料有限公司
2	江西	赣州市豪鹏科技有限公司
3	湖北	荆门市格林美新材料有限公司
4	湖南	湖南邦普循环科技有限公司
5	广东	广东光华科技股份有限公司

资料来源：工业和信息化部官方网站。

表 4-2　《新能源汽车废旧动力蓄电池综合利用行业规范条件》企业名单（第二批）

序号	所属地区	企业名称	申报类型
1	北京	蓝谷智慧（北京）能源科技有限公司	梯次利用
2	天津	天津银隆新能源有限公司	梯次利用
3		天津赛德美新能源科技有限公司	再生利用
4	上海	上海比亚迪有限公司	梯次利用
5	江苏	格林美（无锡）能源材料有限公司	梯次利用
6	浙江	衢州华友资源再生科技有限公司	梯次利用 再生利用
7		浙江天能新材料有限公司	再生利用
8	安徽	安徽绿沃循环能源科技有限公司	梯次利用
9		中天鸿锂清源股份有限公司	梯次利用
10	江西	江西赣锋循环科技有限公司	再生利用
11		赣州市豪鹏科技有限公司	梯次利用

（续）

序号	所属地区	企业名称	申报类型
12	河南	河南利威新能源科技有限公司	梯次利用
13	湖北	格林美（武汉）城市矿产循环产业园开发有限公司	梯次利用
14	湖南	湖南金源新材料股份有限公司	再生利用
15		深圳深汕特别合作区乾泰技术有限公司	梯次利用
16		珠海中力新能源科技有限公司	梯次利用
17	广东	惠州市恒创睿能环保科技有限公司	梯次利用
18		江门市恒创睿能环保科技有限公司	再生利用
19		广东佳纳能源科技有限公司	再生利用
20	四川	四川长虹润天能源科技有限公司	梯次利用
21	贵州	贵州中伟资源循环产业发展有限公司	再生利用
22	厦门	厦门钨业股份有限公司	再生利用

资料来源：工业和信息化部官方网站。

表4-3 《新能源汽车废旧动力蓄电池综合利用行业规范条件》企业名单（第三批）

序号	所属地区	企业名称	申报类型
1	河北	河北中化锂电科技有限公司	再生利用
2		蜂巢能源科技有限公司	梯次利用
3	江苏	江苏欧力特能源科技有限公司	梯次利用
4		南通北新新能源有限公司	再生利用
5		浙江天能新材料有限公司	梯次利用
6	浙江	杭州安影科技有限公司	梯次利用
7		浙江新时代中能循环科技有限公司	梯次利用 再生利用
8		安徽巡鹰动力能源有限公司	梯次利用
9	安徽	合肥国轩高科动力能源有限公司	梯次利用
10		池州西恩新材料科技有限公司	再生利用
11	福建	福建常青新能源科技有限公司	再生利用
12	江西	江西天奇金泰阁钴业有限公司	再生利用
13		江西睿达新能源科技有限公司	再生利用

（续）

序号	所属地区	企业名称	申报类型
14		长沙矿冶研究院有限责任公司	梯次利用
15	湖南	湖南凯地众能科技有限公司	再生利用
16		金驰能源材料有限公司	再生利用
17		湖南金凯循环科技有限公司	再生利用
18	广东	江门市朗达锂电池有限公司	梯次利用
19		广东迪度新能源有限公司	梯次利用
20	陕西	派尔森环保科技有限公司	梯次利用 再生利用

资料来源：工业和信息化部官方网站。

从锂电池整个行业来看，2015 年工业和信息化部已发布过《锂离子电池行业规范条件》（中华人民共和国工业和信息化部公告 2015 年第 57 号）和《锂离子电池行业规范公告管理暂行办法》（工信部电子 [2015]452 号）。随着我国锂电池产业的快速发展，这两个文件已修订过两次，2021 年 12 月 10 日正式发布 2021 年本，新版规范除了在锂电池行业标准方面进行优化调整之外，也提到鼓励企业在产品前端设计增加资源回收和综合利用，健全锂离子电池生产、销售、使用、回收、综合利用等全生命周期资源综合管理。截至 2020 年底，工业和信息化部已发布 5 批符合《锂离子电池行业规范条件》企业名单公告。

引导规范回收服务网点建设运营，探索推广共建共用回收渠道

回收服务网点作为回收体系建设的关键一环，引导和规范回收服务网点建设运营也是构建动力电池回收利用体系的重要保障。2019 年 11 月 7 日，《新能源汽车动力蓄电池回收服务网点建设和运营指南》（中华人民共和国工业和信息化部公告 2019 年第 46 号）（以下简称《指南》）发布，明确新能源汽车生产及梯次利用等企业的回收服务网点建设与运营责任要求，在确保安全、环保的前提下，充分考虑行业实际情况，提出网点分级建设与布局、电池分类管理等方案，并细化场地建设、作业规程及安全环保等具体要求，指导相关企业规范开展回收服务网点建设与运营工作。从工业和信息化部网站公开数据来看，截至 2021 年底，170 余家汽车生产企业及综合利用企业已在全国设立了近万个回收服务网点，但目前的回收服务网点主要是收集型，回收网络建设也以汽车生产企业为主体，基于现有售后服务渠道部署回收网络。2021年12月，工业和信息化部表示在"十四五"期间将探索推广"互联网＋回收"等新型商业模式，鼓励产业链上下游企业共建共用回收渠道，建设一批集中型回收服务网点。未来，推动形成"重点区域集中贮存＋周边地区网状收集"的回收网络格局将成为网点建设的重点方向，从而提高退役电池的回收和储运能力。

4. 试点示范

国家层面确定试点地区及企业，地方落实试点工作的步伐加快

为了贯彻落实《管理暂行办法》，探索技术经济性强、资源环境友好的多元化废旧动力电池回收利用模式，2018年2月，《新能源汽车动力蓄电池回收利用试点实施方案》（工信部联节函〔2018〕68号）（以下简称《试点实施方案》）发布，要求试点地区可根据本地区新能源汽车及动力电池产业特点，结合自身优势，以动力电池回收利用为主线，分别从回收利用体系构建、创新商业模式探索、先进技术研发及应用、政策激励机制建立等方面，确定试点工作主要任务，提出示范项目建设，明确参与试点工作的新能源汽车生产企业、动力电池生产企业及综合利用企业等各方的责任和任务。2018年7月，《关于做好新能源汽车动力蓄电池回收利用试点工作的通知》（工信部联节〔2018〕134号）发布，确定京津冀地区、山西省、上海市、江苏省、浙江省等17个地区及中国铁塔股份有限公司为试点地区和企业，确定各试点地区相应的目标任务，这有助于建立相对集中、跨区联动的回收体系。

试点工作开展后，京津冀、广东省、浙江省、四川省及湖南省等分别出台本区域的回收试点实施方案，地方落实试点工作的步伐开始加快。不同地方对电池回收利用产业发展重点有所不同，湖南省试点工作以回收企业作为中坚力量，浙江省注重梯级利用发展，四川省试点工作以探索构建废旧电池"一站到达"综合利用企业的模式为特点，但各方案在车企建立服务网点、探索梯级利用"以租代售"模式、建立信息化数据平台等方面具有一致性。另外，江苏省和安徽省在2021年开始启动退役动力电池回收利用区域中心站培育工作，采用通过自建、共建等方式，建立从事退役电池回收贮存转运的大型站点，同时鼓励中心站兼具拆解、检测、梯次利用、再生等其他功能。

5. 财税支持

加大对资源再生行业的财税支持力度，进一步降低企业压力

为大力扶持再生资源回收利用行业发展，国家财政部和税务总局多次调整税收政策。2015 年 7 月起，国家开始对废旧电池、废旧电机等再生资源生产企业实行增值税即征即退 30%、50% 及 70% 三档税收优惠政策。

为推动资源综合利用和节能减排，加大对资源再生行业的财税支持力度，2021 年 12 月 31 日，财政部、税务总局出台《关于完善资源综合利用增值税政策的公告》（财政部税务总局公告 2021 年第 40 号）（以下简称《财税 40 号文件》），同时发布《资源综合利用产品和劳务增值税优惠目录（2022 年版）》（以下简称《优惠目录（2022 版）》），再一次调整税收优惠，并于 2022 年 3 月 1 日开始执行。

相较于 2015 年发布的税收优惠政策及对应的优惠目录，《优惠目录（2022 版）》新增退税名目 4 项，调整退税比例 8 项，主要集中在再生资源类别中，即增加废农膜和镉渣 2 项退税优惠名目，提高废旧电池及其拆解物、废旧轮胎、废橡胶制品等 5 项再生资源的退税比例。这将进一步提升再生资源利用企业的盈利能力，推动我国再生资源回收体系的建设，规范再生资源回收利用行业的发展。对于废旧电池及其拆解物，《优惠目录（2022 版）》细化了技术标准和相关条件，新增镍、钴、锰、锂等有价金属的回收率要求，相关要求与《新能源汽车废旧动力蓄电池综合利用行业规范条件（2019 年本）》（中华人民共和国工业和信息化部公告 2019 年第 59 号）保持一致，进一步提升规范企业竞争优势，促进废旧电池流向规范企业，同时退税比例由 30% 提升至 50%，进一步降低企业负担，提升企业盈利能力（表 4-4）。

对于废旧电池回收利用行业而言，新版财税优惠政策的出台将保证增值税抵扣链的完整性，增加退税产品及技术要求，并提高退税比例，促使更多规范企业享受优惠政策，提升盈利能力，逐步淘汰非正规的回收企业，对废旧电池回收利用行业的发展具有重要意义。

表 4-4　废旧电池及其拆解物优惠目录变化

变化项	2015 版	2022 版
综合利用产品和劳务名称	① 金属及镍钴锰氢氧化物、镍钴锰酸锂、氯化钴	① 金属及镍钴锰氢氧化物、镍钴锰酸锂、金属盐（碳酸锂、氯化锂、氟化锂、氯化钴、硫酸钴、硫酸镍、硫酸锰）、氢氧化锂、磷酸铁锂

（续）

变化项	2015 版	2022 版
技术标准和相关条件	② 产品原料 95% 以上来自所列资源 ③ 镍钴锰氢氧化物符合《镍钴锰三元素复合氢氧化物》（GB/T 26300—2010）规定的技术要求	② 产品原料 95% 以上来自所列资源 ③ 镍钴锰氢氧化物符合《镍钴锰三元素复合氢氧化物》（GB/T 26300—2020）规定的技术要求，碳酸锂符合《碳酸锂》（GB/T 11075—2013）规定的技术要求，氯化锂符合《无水氯化锂》（GB/T 10575—2007）规定的技术要求，氟化锂符合《氟化锂》（GB/T 22666—2008）规定的技术要求，氯化钴符合《精制氯化钴》（GB/T 26525—2011）规定的技术要求，硫酸钴符合《精制硫酸钴》（GB/T 26523—2022）规定的技术要求，硫酸镍符合《精制硫酸镍》（GB/T 26524—2011）规定的技术要求，氢氧化锂符合《单水氢氧化锂》（GB/T 8766—2013）规定的技术要求 ④ 从事再生利用的企业，镍、钴、锰的综合回收率应不低于 98%，锂的回收率不低于 85%，稀土等其他主要有价金属综合回收率不低于 97%。采用材料修复工艺的，材料回收率应不低于 90%。工艺废水循环利用率应达 90% 以上
退税比例	30%	50%

下一步，工业和信息化部等部门将继续加快推动新能源汽车动力电池回收利用，包括加快推进动力电池回收利用立法，完善监管措施，加大约束力。加强梯次利用管理，实施梯次产品自愿性认证制度，引导市场健康有序发展。完善回收利用体系，强化线上线下协同溯源监管，督促有关主体落实溯源管理责任。加强技术创新，突破退役电池一致性、自动化拆解等目前还存在的技术瓶颈，持续推动发布一批国家标准、行业标准。深化试点示范，创新商业模式，加快梯次利用示范项目建设，持续培育梯次利用和再生利用骨干企业。

4.1.2　地方层面经验实践情况

动力电池回收利用逐渐受到各地政府的高度重视，各地纷纷建立起相关的法律法规管理体系。地方省市严格落实国家要求，加快明确责任延伸制度，并有部分省市将动力电池回收利用写入"十四五规划"或为电池回收利用行业提供财税支持，京津冀、上海市、广东省先行试点区域的示范工作逐步进入新阶段。在国家及各地区的积极推动下，动力电池回收利用工作稳步推进，规范化程度逐渐提高。

1. 探索建立回收利用区域中心站

目前，动力电池回收利用网点数量虽然在不断增加，产业链上下游相关企业的参与度也在增强，但整个回收利用体系中仍存在资源配置不合理、网点重复建设、网点建设成本高而利用率较低、网点规范性有待提高等问题。对此，江苏省和安徽省聚集省内优势资源，加快推动形成多方联动、资源共享的动力电池回收利用体系，率先启动回收利用区域中心的建设工作。区域中心站是指从事退役电池回收贮存转运的大型站点，可兼具拆解、检测、梯次利用、再生利用等其他功能。

江苏省于 2021 年 3 月发布《关于培育动力电池回收利用区域中心站的通知》，提出要加快构建回收利用体系，合理布局退役电池回收网点，启动退役动力电池回收利用区域中心站培育工作。按要求来看，江苏省的区域中心站要完成本区域范围内退役动力电池回收任务，并将低速车电池、一次性锂电池、非标电池等纳入回收范围，实现应收尽收、就近回收。

安徽省于 2021 年 6 月发布《安徽省新能源汽车产业发展行动计划（2021—2023 年）》，计划提到建立完善新能源汽车动力电池回收，梯次利用和固废处理体系。规范新能源汽车回收拆解和回收利用行为，推进符合再制造条件的零部件再制造再利用，提升新能源汽车全生命周期价值。同年 7 月，安徽省发布《关于做好新能源汽车动力蓄电池回收利用区域中心企业（站）培育工作的通知》，并组织开展相关工作，经企业申报、各市推荐、专家审核等程序，于 2021 年 12 月公布了 4 家试点企业名单，推动逐步形成与当地新能源汽车动力电池退役规模相配套的回收能力。其中，安徽绿沃循环能源科技有限公司、安徽巡鹰动力能源科技有限公司（联合安徽广源科技发展有限公司）2 家企业作为新能源汽车动力电池回收利用区域中心试点企业（站），合肥市国轩高科动力能源有限公司（联合江淮汽车集团股份有限公司、国投安徽城市资源循环利用有限公司、皖中报废汽车回收有限责任公司、合肥国轩循环科技有限公司）、芜湖奇瑞资源技术有限公司（联合安徽瑞赛克再生资源技术股份有限公司）2 家企业作为新能源汽车动力电池回收利用区域中心筹建企业（站）。2 个试点企业下一步应继续提升信息化溯源能力、强化现场管理，严格落实好指南各项要求，发挥引领示范作用，2 个筹建企业下一步除了要开展建设外，还应对照《指南》要求进一步加强溯源体系建设、完善站点设施建设、规范贮存方式、提高管理水平。

2. 积极推出财税支持鼓励举措

为了进一步促进废旧电池资源的综合利用,使动力电池回收实现良性有序发展,各省份针对加大动力电池回收利用财税支持的政策也在积极推进。相关财税支持主要是针对企业开展动力电池回收利用及回收网点建设给予补贴。

深圳市于 2019 年 1 月发布《深圳市 2018 年新能源汽车推广应用财政支持政策》,明确规定新能源生产企业要承担动力电池回收的主体责任,对按照要求计提动力电池回收处理资金的,深圳市发展改革委按程序对汽车生产企业给予补贴。政策明确要求新能源汽车生产企业建立动力电池回收渠道,规定企业按照 20 元 /kW·h 的标准专项计提动力电池回收处理资金,深圳市发展和改革委按经审计确定金额的 50% 对企业给予补贴,补贴资金应当专项用于动力电池回收。

广东省于 2020 年 5 月发布《关于 2021 年度打好污染防治攻坚战专项资金(绿色循环发展与节能降耗)项目入库储备工作的通知》,明确采取直接补助方式,支持地市辖区内年处理量不低于 5 万 t/ 年的新能源汽车废旧动力电池综合利用项目(梯次与再生利用可合并计算)。

广州市于 2020 年 9 月发布《关于促进汽车产业加快发展的意见》,提到促进动力电池回收与再利用。督促整车制造企业和动力电池相关企业履行企业主体责任,支持电池残值再利用,鼓励实行统一标准,解决电池产品不一致、不兼容等问题,提高回收经济性。建立废旧动力电池梯次利用及再生利用产业试点示范,每个试点示范项目按照项目固定资产投资额给予不超过 30% 的奖励,单个企业最高不超过 1 亿元,同时给予试点示范项目 5 年贷款贴息补助,单个企业每年最高不超过 1000 万元。

广西壮族自治区于 2022 年 1 月发布《广西壮族自治区新能源汽车推广应用三年行动财政补贴实施细则》,进一步完善新能源汽车推广应用财政补贴政策,其中,对动力电池回收利用及回收网点建设给予补贴,具体要求是动力电池回收利用按实际回收量给予补贴,补贴标准为 20 元 /kW·h,动力电池回收网点建设按不超过建设成本的 30% 进行补贴。

3. 回收利用纳入地方发展规划

2021 年,继"加快建设动力电池回收利用体系"首次写入政府工作报告后，动力电池回收利用再次被纳入"十四五规划"，国家发展改革委等多部门印发《"十四五"循环经济发展规划》（发改环资〔2021〕969 号），动力电池回收行动被列入 11 个重点工程与行动之一，部分省市地方政府也积极跟进相关举措，将动力电池回收利用写入本地区相关产业的"十四五"规划中，进一步体现了电池回收利用工作的重要性。

上海市于 2021 年 2 月发布《上海市加快新能源汽车产业发展实施计划（2021—2025 年）》，政策要求完善新能源汽车全过程管理规范，完善动力电池溯源机制，落实汽车生产厂商和动力电池供应商的主体责任。2021 年 6 月，《上海市战略性新兴产业和先导产业发展"十四五"规划》发布，其中发展新能源汽车电池回收、共享出行、智能网联汽车测试、展示交易等多种类型的服务是战略性新兴产业发展重点。

山西省于 2021 年 4 月发布《山西省"十四五"新技术规划》，提到加快动力电池全生命周期价值评估、梯级利用与回收利用等技术。

浙江省于 2021 年 5 月发布《浙江省新材料产业发展"十四五"规划》，规划提到要重点打造核心产业链，其中在锂电池材料产业链方面，发挥浙江省在锂电池正负极材料、动力锂电池等方面的产业基础和优势，依托宁波、衢州、湖州等地产业基础，打造三元前驱体等原材料—正极材料、负极材料、电池隔膜、电解液—动力锂电池制造—废电池回收产业链。

重庆市于 2021 年 7 月发布《重庆市制造业高质量发展"十四五"规划》，规划提到完善动力电池回收、梯级利用和再资源化的循环利用体系，促进动力电池全价值链发展。

北京市于 2021 年 8 月发布《北京市"十四五"时期高精尖产业发展规划》，其中提到要加快产业绿色低碳转型，鼓励再制造和资源综合利用，推动新能源汽车动力电池高效梯次利用。

江苏省于 2021 年 8 月发布《江苏省"十四五"制造业高质量发展规划》，规划提出支持开展动力电池梯次利用，加强来源可控、去向可溯的全生命周期管理，建成安全规范高效运行的回收利用体系。

山东省于 2021 年 9 月发布《山东省工业和信息化领域循环经济"十四五"发展规划》，提出要推动六大工程，其中涉及工业固体废物资源化工程，明确推动新能源汽车生产企业和废旧动力电池梯次利用企业的合作，提高余能检测、充足利用、安全管理的技术水平，加快动力电池规范化梯次利用。加强废旧动力电池再生利用和梯次利用成套化先进技术与装备的研发，完善动力电池回收利用标准体系，培育废旧动力电池综合利用企业，促进废旧动力电池梯次利用和再生利用产业发展。

福建省于 2021 年 10 月发布《福建省"十四五"战略性新兴产业发展专项规划》，要突破锂电池循环再制造技术，完善回收处理工艺流程，形成退役动力电池回收服务、电池组拆包、模块测试筛选、电池再组装利用、镍钴锰锂等材料回收再利用的全链条产业体系。

江西省于 2021 年 11 月发布《江西省"十四五"工业绿色发展规划》，计划提到加强再制造产品示范和推广，持续推进新能源汽车动力电池回收利用体系建设。

4. 地方严格落实监督检查要求

2021 年，工业和信息化部要求新能源汽车动力电池回收利用企业建立回收利用台账并完善信息报送机制，要求再生资源综合利用规范企业建立季度报告机制。各地方主管部门严格落实相关要求，对已公告企业保持规范条件要求情况进行监督检查，并积极推行生产者责任延伸制度。

宁夏回族自治区工业和信息化厅于 2021 年 3 月发布《关于开展新能源汽车动力电池溯源管理和回收利用监测工作的通知》。要求建立生产企业台账，建立回收利用企业台账，加强回收信息采集，完善信息报送机制。

吉林省工业和信息化厅于 2021 年 3 月发布《关于开展新能源汽车动力电池回收利用监测工作的通知》，加强对本地区从事新能源动力电池回收和利用企业的宣传，指导企业按《新能源汽车废旧动力蓄电池综合利用行业规范条件》要求，规范开展动力电池回收利用，对回收利用的电池编码、数量重量类型、来源等信息进行登记，并填写《动力电池回收动态监测月报表》按时上报。

贵州省于 2021 年 7 月印发《关于推进锂电池材料产业高质量发展的指导意见》，探索建立回收利用管理机制和综合利用体系，推动信息化项目建设，强化溯源管理，明确各方责任和监管措施，为锂电池循环梯次综合利用产业发展提供保障。

陕西省于 2021 年 9 月发布《陕西省人民政府关于印发加快建立健全绿色低碳循环发展经济体系若干措施的通知》，加快落实生产者责任延伸制度，强化新能源汽车动力电池溯源管理，积极推进废旧动力电池循环利用项目建设。

5. 先行试点区域逐步进入新阶段

2018 年 7 月，工业和信息化部启动开展新能源汽车动力电池回收利用试点工作，以试点地区为中心，向周边区域辐射。此后，部分试点区域开始部署相关工作，京津冀、广东省、浙江省及湖南省等地区先后发布本地区工作方案，并均已发布了试点单位或者项目；四川省的工作方案则进一步提出探索构建废旧电池"一站到达"综合利用企业的模式，成都市贯彻落实相关要求，有序开展电池回收利用示范企业试点工作，而且这部分先行先试的区域分别在 2020 年、2021 年再次发布新一轮政策举措；福建和山东等省份也提出工作方案，进一步规范管理和推进新能源汽车动力电池回收利用试点建设。具体如下：

深圳市于 2018 年 3 月率先印发了《深圳市开展国家新能源汽车动力电池监管回收利用体系建设试点工作方案（2018—2020 年）》，在全市范围内开展动力电池生产者责任延伸制度探索和实践。

广东省于 2018 年 8 月印发《广东省新能源汽车动力蓄电池回收利用试点实施方案》的通知，同年 11 月，广东省成为国内首个推出试点名单及方案的省份，公布了第一批新能源汽车动力电池回收利用试点单位名单，共有 45 家企业。2020 年 9 月，广东省发布《广东省发展汽车战略性支柱产业集群行动计划（2021—2025 年）》，提出建立完善废旧汽车拆解及汽车动力电池回收利用、废旧电池回收处置和固废处理体系，推动汽车绿色回收、零部件再制造、退役电池回收和梯次利用。

京津冀三地于 2018 年 12 月联合发布了《京津冀地区新能源汽车动力蓄电池回收利用试点实施方案》。政策要求三地建成信息共享、功能完备、辐射京津冀及周边区域的动力电池回收服务网络，并建成 2~4 家废旧动力电池拆解示范线和梯次利用工厂，探索和布局 1~2 家动力电池资源化再生利用企业。为了落实方案，京津冀三地开展试点示范项目遴选工作，并经过企业申报、专家评审、三地官网公示等环节，2019 年 7 月，发布了《关于公布京津冀地区新能源汽车动力电池回收利用试点示范项目名单的通知》，共有 18 个项目进入名单，包括退役电池的评估、回收、综合利用、拆解等。进入 2021 年，京津冀进一步提出相关举措，2021 年 4 月，河北省发布《关于建立健全绿色低碳循环发展经济体系的实施意见》，意见提到以汽车产品为重点落实生产者责任延伸制度；鼓励再生资源回收龙头企业建立信息平台，推进"互联网＋回收"模式，推广智能回收终端，培育新型商业模式。2021 年 5 月，天津市发布了《关于印发 2021 年天津市工业节能与综合利用工作要点的通知》，其中提到要推进再生资源行业规范管理和推进新能源汽车动力电池回收利用试点建设；落实国家要求，加强对天津市新能源汽车动力电池回收利用企业的动态监测分析；联合北京、河北适时更新一批京津冀新能源汽车动力电池回收利用试点项目，加快推进天津市试点项目建设。

浙江省于 2018 年 12 月发布《浙江省新能源汽车动力电池回收利用试点实施方案》，并公布了 9 家试点单位以及 18 项回收利用试点工作项目。2019 年 4 月，宁波市发布《宁波市新能源汽车动力蓄电池回收利用试点实施方案》，分三阶段完成工作目标，启动实施阶段要筹建宁波市动力电池回收利用产业联盟；全面推进搭建市场回收网络体系，实施废旧动力电池梯级利用、再生利用示范项目，联合攻关废旧动力电池梯级利用和再生利用关键技术。

四川省于 2019 年 3 月发布《四川省新能源汽车动力蓄电池回收利用试点工作方案》（以下简称《方案》），明确建设 3 个锂电池回收综合利用示范基地，打造 2 个退役动力电池高效回收、高值利用的先进示范项目，培育 3 个动力电池回收利用标杆企业。在规范动力电池生产制造、开展新能源动力汽车生产者责任延伸、落实国家有关新能源动力电池溯源综合管理等规定外，《方案》进一步提出探索构建废旧电池"一站到达"综合利用企业的模式，从市场上回收报废动力电池，这成为四川省方案的亮点。2021 年 5 月，成都市经济和信息化局等 8 部门发布相关示范企业试点工作的实施细则（试行），涵盖了新能源汽车动力电池的回收、梯次利用、拆解以及报废新能源汽车的回收拆解四个方面。《成都市新能源汽车动力蓄电池回收服务示范企业试点工作实施细则（试行）》《成都市新能源汽车动力蓄电池梯次利用示范企业试点工作实施细则（试行）》《成都市新能源汽车废旧动力蓄电池拆解示范企业试点工作实施细则（试行）》及《成都市报废新能源汽车回收拆解示范企业试点工作实施细则（试行）》四项文件同时发布，对具有重要示范和带动作用的回收服务企业、梯次利用企业、电池拆解企业、回收拆解企业进行择优遴选为示范企业。

湖南省于 2019 年 4 月发布《湖南省新能源汽车动力蓄电池回收利用试点实施方案》，同时公布 45 家试点工作参与企业。另外，2020 年 12 月发布《湖南省先进储能材料及动力电池产业链三年行动计划（2021—2023 年）》，要依托骨干企业、高校和科研院所，围绕前驱体及原料、锂离子电池材料、镍氢电池材料、氢能源电池材料、石墨烯电池材料、电解液、隔膜、动力与储能电池、电动汽车动力系统、废旧电池及储能材料的资源化和循环利用等方面布局新建一批高水平的工程（技术）研究中心、工程（重点）实验室、企业技术中心。

厦门市于 2019 年 5 月发布《厦门市新能源汽车动力蓄电池回收利用试点实施方案》，以满足市场需求和资源利用价值最大化为目标，探索多样化商业模式，加大梯次利用和再生利用技术的研发力度，统筹布局动力电池回收利用企业，逐步建成覆盖我市、容纳周边地市、辐射周围省市的动力电池回收体系。2020 年 2 月，福建省发布《福建省开展新能源汽车动力蓄电池回收利用体系建设实施方案（2020—2022 年）》，明确工作目标是到 2022 年全省动力电池生产、使用、贮运、回收、利用、报废和拆解等各环节的管理水平和技术能力初步建成，具备相应的梯次利用技术和残余物质无害化处置技术，合理布局电池回收、处置及拆解网点，形成有效的回收利用商业模式，建成一系列示范项目，实现对动力电池的全生命周期监管，厦门市形成回收利用的典型经验和模式。

湖北省经信委于 2018 年 9 月 18 日组织召开新能源汽车动力电池回收利用试点工作座谈会，落实《湖北省新能源汽车动力蓄电池回收利用试点实施方案》。2021 年 1 月，湖北省发布《支持中国（湖北）自由贸易试验区深化改革创新若干措施的通知》，鼓励自贸试验区内企业参与中国电动汽车行业标准及氢能源汽车行业标准的制定工作，支持襄阳纳入国家动力电池梯次利用试点城市，融合大数据产业发展建设国家动力电池梯次利用大数据中心。

山东省于 2020 年 6 月发布《山东省新能源汽车动力蓄电池回收利用工作实施方案》，明确到 2023 年，在山东省重点区域打造动力电池回收利用的产业聚集区，建设一批退役动力电池梯次利用、高效再生利用的先进示范项目，发布一批动力电池回收利用相关技术标准，培育一批动力电池回收利用标杆企业。

4.2 标准体系

随着大量电池即将进入退役期，电池的回收利用成为行业重点关注问题，但由于退役电池回收利用产业发展尚不成熟，科学环保回收成为行业发展的关键，规范行业发展成为亟需解决的问题。为此，电池回收利用领域的国家标准制定工作加快推进，行业及团体标准相继发布，细分领域标准持续完善。同时，伴随着电池产业化进程的不断推进及新技术、新模式的不断出现，电池标准化工作也将被赋予新的要求，标准从业者仍需持续开展标准体系研究与标准制修订工作，以满足规模化发展和新技术创新发展的需求，支撑电池产业高质量可持续发展。

4.2.1 国家层面标准体系建设情况

1. 国家标准

《国家标准化发展纲要》提出要加强关键技术领域标准研究，其中包含智能船舶、高铁、新能源汽车、智能网联汽车和机器人领域关键的技术标准。《2021年汽车标准化工作要点》也要求聚焦重点领域，优化标准供给，其中新能源汽车领域中提到要支撑电动汽车绿色发展，推动动力电池回收利用方面标准的制定。因此，在顶层政策的规划引领下，电池回收利用领域的国家标准制定工作稳步推进。

在动力电池领域，我国现行有效的国家标准共计19项（表4-5），涵盖安全性、电性能、循环寿命以及回收利用等多方面内容，在规范安全性、促进新技术应用以及协调产业发展方面发挥了重要作用。

早在2015—2017年，我国先后发布动力电池和电池包的电性能要求、试验方法、测试规程、编码规则和产品规格尺寸等相关标准，为电池单体及电池包的生产、安装、使用、维修、更换、回收、报废全生命周期管理奠定了基础，有利于电池产业的规范发展，也有利于企业降本增效。随着电池产业的蓬勃发展以及电池整个生命周期对资源、能源和环境造成的巨大潜在影响，开展电池回收利用标准和技术规范的制定和推广成为推动电池行业可持续健康发展的重要工作方向。为了满足行业发展的需要，2017年起国家标准化管理委员会陆续发布多项新能源汽车电池回收利用相关标准，截至 2022 年 2 月底，已制定发布 9 项推荐性国家标准（包含 GB/T 34014—2017），并稳步推进回收处理报告编制规范及可梯次利用设计指南等多项标准的预研工作，我国新能源汽车动力电池回收利用标准体系初步构建。目前的标准可分为通用要求、管理规范、梯次利用、再生利用四大系列，且均为推荐性国家标准，虽未强制实施，但长期来看仍可引导行业发展方向。

表 4-5　新能源汽车动力电池国家标准

序号	内容	标准名称	状态
1	基础	GB/T 34013—2017《电动汽车用动力蓄电池产品规格尺寸》	现行有效
2	基础	GB/T 34014—2017《汽车动力蓄电池编码规则》	现行有效
3	安全	GB 38031—2020《电动汽车用动力蓄电池安全要求》	现行有效
4	电性能	GB/T 31467.1—2015《电动汽车用锂离子动力蓄电池包和系统 第 1 部分：高功率应用测试规程》	现行有效
5	电性能	GB/T 31467.2—2015《电动汽车用锂离子动力蓄电池包和系统 第 2 部分：高能量应用测试规程》	现行有效
6	电性能	GB/T 31486—2015《电动汽车用动力蓄电池电性能要求及试验方法》	现行有效
7	寿命	GB/T 31484—2015《电动汽车用动力蓄电池循环寿命要求及试验方法》	现行有效
8	回收利用	GB/T 34015—2017《车用动力电池回收利用 余能检测》	现行有效
9	回收利用	GB/T 34015.2—2020《车用动力电池回收利用 梯次利用 第 2 部分：拆卸要求》	现行有效
10	回收利用	GB/T 33598—2017《车用动力电池回收利用 拆解规范》	现行有效
11	回收利用	GB/T 33598.2—2020《车用动力电池回收利用 再生利用 第 2 部分：材料回收要求》	现行有效
12	回收利用	GB/T 38698.1—2020《车用动力电池回收利用 管理规范 第 1 部分：包装运输》	现行有效
13	回收利用	GB/T 34015.3—2021《车用动力电池回收利用 梯次利用 第 3 部分：梯次利用要求》	现行有效
14	回收利用	GB/T 34015.4—2021《车用动力电池回收利用 梯次利用 第 4 部分：梯次利用产品标识》	现行有效
15	回收利用	GB/T 33598.3—2021《车用动力电池回收利用 再生利用 第 3 部分：放电规范》	现行有效
16	回收利用	《车用动力电池回收利用 管理规范 第 2 部分：回收服务网点》	征求意见

（续）

序号	内容	标准名称	状态
17	回收利用	《车用动力电池回收利用 通用要求》	正在起草
18	专项	GB/T 18333.2—2015《电动汽车用锌空气电池》	现行有效
19	专项	GB/T 38661—2020《电动汽车用电池管理系统技术条件》	现行有效
20	专项	GB/T 39086—2020《电动汽车用电池管理系统功能安全要求及试验方法》	现行有效
21	专项	《电动汽车用锂离子动力电池包和系统电性能试验方法》	征求意见
22	换电	GB/T 40098—2021《电动汽车更换用动力蓄电池箱编码规则》	现行有效

注：统计时间截至 2022 年 2 月 28 日。

在新能源汽车方面，我国已初步建立涵盖通用要求、梯次利用、再生利用和管理规范等方面的废旧电池回收利用标准体系，而其他领域的废旧电池回收利用体系还未健全（表 4-6），其中《废电池分类及代码》（GB/T 36576—2018）和《废旧电池回收技术规范》（GB/T 39224—2020）分别对废电池分类、代码、分类原则和废旧电池的收集、分拣、运输、贮存等方面进行了规范要求，为规范废旧电池回收管理、提升我国废旧电池的回收利用率和再利用价值提供技术支持。但从整个行业来看，当前已有标准不足以支撑行业发展需求，全行业依然处于无标准可寻，或有标准而不适用多领域电池回收利用，尚未形成完整的多领域电池回收利用标准体系。

表 4-6　其他电池回收利用国家标准

序号	标准号	标准名称	实施时间
1	GB/T 33059—2016	《锂离子电池材料废弃物回收利用的处理方法》	2017/5/1
2	GB/T 33060—2016	《废电池处理中废液的处理处置方法》	2017/5/1
3	GB/T 34695—2017	《废弃电池化学品处理处置术语》	2018/5/1
4	GB/T 36576—2018	《废电池分类及代码》	2019/4/1
5	GB/T 39224—2020	《废旧电池回收技术规范》	2021/6/1

注：统计时间截至 2022 年 2 月 28 日。

2. 重点国家标准解读

2021 年，《车用动力电池回收利用 梯次利用 第 3 部分：梯次利用要求》（GB/T 34015.3—2021）（以下简称《梯次利用要求》）、《车用动力电池

回收利用 梯次利用 第 4 部分：梯次利用产品标识》（GB/T 34015.4—2021）（以下简称《梯次利用产品标识》）和《车用动力电池回收利用 再生利用 第3 部分：放电规范》（GB/T 33598.3—2021）（以下简称《放电规范》）三项国家标准正式发布，并分别于 2022 年 3 月和 5 月开始实施。三项标准是新能源汽车动力电池回收利用标准体系的重要组成部分，也是国家对于新能源汽车退役电池回收利用管理政策的重要支撑。

《梯次利用要求》规定了车用动力电池梯次利用的总体要求、外观及性能要求和梯次利用产品一般要求，并适用于退役车用锂离子动力电池单体、模块和电池包或系统的梯次利用，退役车用镍氢动力电池单体、模块和电池包或系统的梯次利用参照执行。《梯次利用产品标识》适用于退役车用动力电池的梯次利用产品进行标识，规定了车用动力电池回收利用中梯次利用产品标识的标识构成、标志要求、标示位置、标示方式及标示要求。这两项标准的发布有效解决了开展梯次利用生产及其产品的标识无标准可依的紧迫问题，同时也可指导企业开展动力电池梯次利用和规范梯次利用产品的标识工作，延长了产品的生命周期。另外，规范的标识也可有助于提升动力电池全生命周期的溯源信息完整性。

《放电规范》规定了车用动力电池放电的术语和定义、基本要求、放电、存储要求和环保要求，适用于退役车用动力锂离子电池的放电。为了与产品生产过程的放电区分，本标准针对电池回收利用的再生利用过程。不规范的放电会造成资源浪费甚至起火爆炸或环境污染，企业及作业人员应严格执行标准要求，进行规范作业。

2021 年 6 月 28 日，工业和信息化部发布《2021 年汽车标准化工作要点》，2021 年汽车标准化工作要进一步聚焦重点领域、注重协同创新、强化应用牵引，持续健全完善汽车标准体系，为汽车产业高质量发展提供坚实支撑。其中，在电池回收利用方面，2021 年工作要点提出要支撑电动汽车绿色发展，开展动力电池回收利用通用要求、可梯次利用设计指南等标准预研，完成动力电池回收服务网点标准制定。对此，工业和信息化部已制订相关标准计划，并推进了相关工作。

回收服务网点方面，《新能源汽车动力蓄电池回收利用管理暂行办法》等管理政策对回收服务网点的建设和管理做出原则性规定，相关企业已按照要求进行回收服务网点建设工作，但缺乏标准规范支撑政府开展回收服务网点建设管理核查。同时，《新能源汽车动力蓄电池回收服务网点建设和运营指南》（中华人民共和国工业和信息化部公告 2019 年第 46 号）对回收服务网点建设、作业以及安全环保等方面提出了规范性要求，但缺乏一定的实操性。研制废旧动力电池回收服务网点的建设、作业、安全环保等环节技术标准成为当前迫切需要解决的问题，因此，工业和信息化部提出制定《车用动力电池回收利用 管理规范 第 2 部分：回收服务网点》（计划号：20205114-T-339），并已于 2022 年 1 月形成公开征求意见稿，本文件规定了动力电池回收服务网点的建设、作业以及安全环保要求。

通用要求方面，以往的标准探索和制定过程中，仅仅在某项标准适用的范围内进行少数术语的研究与定义，无法为行业与标准使用者提供完善的术语指导，工业和信息化部提出制定《车用动力电池回收利用通用要求》（计划号：20213562-T-339），目前处于起草编制阶段，对车用动力电池回收利用相关术语和定义进行标准化，以作为国内车用动力电池回收利用相关领域业务的开发、研究和应用的通用语言。

4.2.2　行业层面标准体系建设情况

1. 行业标准

电池回收利用过程流程较长，涉及回收运输、检测分选、材料回收等多个环节，综合考虑回收效益及安全环保等问题，促进回收利用的规范化发展尤为重要。其中，标准化工作是带动电池回收利用产业科学、规范发展的重点方向。因此，为推动建设动力电池高效循环利用体系，探索回收利用标准化管理的有效模式，实施更加精细化的标准将成为必然趋势。

截至目前，国内现行有效的废旧电池回收利用行业标准共计 17 项（表 4-7），主要集中在有色金属和化工行业，标准内容覆盖废旧电池回收利用环保要求、管理规范和放电、热解、拆解、破碎等技术规范，标准适用范围包括废旧锂离子电池和镍氢电池等。但结合目前市场发展需求来看，各环节细分领域的标准仍有待完善，亟需加快构建退役电池回收利用标准体系。

表 4-7　废旧电池回收利用现行有效的行业标准

序号	标准号	标准名称	实施时间
1	SB/T 10901—2012	《废电池分类》	2013/9/1
2	HG/T 5019—2016	《废电池中镍钴回收方法》	2017/1/1
3	WB/T 1061—2016	《废蓄电池回收管理规范》	2017/1/1
4	YS/T 1174—2017	《废旧电池破碎分选回收技术规范》	2018/4/1
5	YS/T 1342.1—2019	《二次电池废料化学分析方法 第 1 部分：镍含量的测定 丁二酮肟重量法和火焰原子吸收光谱法》	2020/1/1
6	YS/T 1342.2—2019	《二次电池废料化学分析方法 第 2 部分：钴含量的测定 电位滴定法和火焰原子吸收光谱法》	2020/1/1
7	YS/T 1342.3—2019	《二次电池废料化学分析方法 第 3 部分：锰含量的测定 电位滴定法和火焰原子吸收光谱法》	2020/1/1
8	YS/T 1342.4—2019	《二次电池废料化学分析方法 第 4 部分：锂含量的测定 火焰原子吸收光谱法》	2020/1/1
9	HG/T 5545—2019	《锂离子电池材料废弃物中镍含量的测定》	2020/4/1
10	WB/T 1105—2020	《废旧动力蓄电池金属物流箱技术要求》	2020/6/1
11	YD/T 3768.1—2020	《通信基站梯次利用车用动力电池的技术要求与试验方法 第 1 部分：磷酸铁锂电池》	2020/10/1
12	HG/T 5812—2020	《含锂废料回收利用方法》	2021/4/1
13	HG/T 5815—2020	《废电池化学放电技术规范》	2021/4/1
14	HG/T 5816—2020	《废电池回收热解技术规范》	2021/4/1
15	HJ 1186—2021	《废锂离子动力蓄电池处理污染控制技术规范（试行）》	2022/1/1
16	QC/T 1156—2021	《车用动力电池回收利用　单体拆解技术规范》	2022/2/1
17	HG/T 5963—2021	《废电池冷却液处理处置技术规范》	2022/2/1

注：统计时间截至 2022 年 2 月 28 日。

2. 重点行业标准解读

2021 年 4 月 1 日，由全国废弃化学品处置标准化技术委员会完成制定的《含锂废料回收利用方法》(HG/T 5812—2020)、《废电池化学放电技术规范》(HG/T 5815—2020)、《废电池回收热解技术规范》（HG/T 5816—2020）开始实施，三项标准分别对含锂废料回收利用、废电池化学放电、废电池回收处热解的术语和定义、总体要求及环境保护要求等方面进行统一规范，也填补了废旧电池化学放电、热解相关技术要求标准的空白。

2021 年 8 月 7 日，生态环境部发布国家环境标准《废锂离子动力蓄电池处理污染控制技术规范（试行）》（HJ 1186—2021），并于 2022 年 1 月 1 日起开始实施。该标准规定了废锂离子动力电池处理的总体要求、处理过程污染控制技术要求、污染物排放控制与环境监测要求和运行环境管理要求，并可为废锂离子动力电池处理有关建设项目环境影响评价、建设运行、竣工环境保护验收、排污许可管理等提供技术参考依据。该标准的发布进一步强化了废锂离子动力电池处理过程的污染防治，也为开展相关领域环境管理工作提供了有力技术支撑。

2021 年 8 月 21 日，由全国汽车标准化技术委员会完成制定的《车用动力电池回收利用　单体拆解技术规范》（QC/T 1156—2021）正式发布，并于 2022 年 2 月 1 日开始实施。该技术规范适用于退役车用动力锂离子单体电池的拆解，规定了车用动力电池单体拆解的术语和定义、总体要求、作业要求、贮存和管理要求、安全环保要求。该标准为行业内首次制定，可安全有效地指导单体拆解的实施。

2021 年 8 月 21 日，由全国废弃化学品处置标准化技术委员会完成制定的《废电池冷却液处理处置技术规范》（HG/T 5963—2021）正式发布，并于 2022 年 2 月 1 日开始实施。该标准适用于各类动力电池的冷却液处理处置，规定了废电池冷却液的一般要求、处理处置要求及运行管理要求。

4.2.3　地方层面标准体系建设情况

1. 地方标准

《地方标准管理办法》已于 2020 年 3 月 1 日起施行，明确了地方制定范围和原则、地方标准的制定主体，规定了地方标准的制定程序、强化地方标准实施和复审工作、明确地方标准相关法律责任。地方标准制定的目的是为了满足地方自然条件、风俗习惯等特殊技术要求，涵盖领域主要包括农业、工业、服务业以及社会事业等领域。地方标准为推荐性标准，而且地方标准的技术要求不得低于强制性国家标准的相关技术要求，并做到与有关标准之间的协调配套。在废旧电池回收利用方面，我国现行有效的地方标准有 8 项，发布地区主要是安徽省、广东省、湖南省和上海市（表 4-8）。

表 4-8　废旧电池回收利用现行有效的地方标准

序号	标准号	标准名称	发布省份	实施时间
1	DB44/T 1369—2014	《废旧电池回收处理场地要求》	广东	2014/11/14
2	DB44/T 1371—2014	《电动汽车用动力蓄电池回收利用技术条件》	广东	2014/11/14
3	DB31/T 1053—2017	《电动汽车动力蓄电池回收利用规范》	上海	2017/10/1
4	DB34/T 3077—2018	《车用锂离子动力电池回收利用放电技术规范》	安徽	2018/5/16
5	DB34/T 3437—2019	《车用动力电池回收利用低速动力车梯次利用要求》	安徽	2019/12/4
6	DB34/T 3590—2020	《废旧锂离子动力蓄电池单体拆解技术规范》	安徽	2020/7/22
7	DB34/T 4102—2022	《废旧锂离子动力蓄电池贮存安全技术条件》	安徽	2022/4/29
8	DB43/T 1988—2021	《车用锂离子动力电池材料回收能源消耗限额及计算方法》	湖南	2021/5/20

注：统计时间截至 2022 年 3 月 30 日。

2. 重点地方标准解读

安徽省在废旧电池回收利用地方标准研制方面开展多项工作，已发布多项标准，包括《车用锂离子动力电池回收利用放电技术规范》《车用动力电池回收利用低速动力车梯次利用要求》《废旧锂离子动力蓄电池单体拆解技术规范》和《废旧锂离子动力蓄电池贮存安全技术条件》。

《车用锂离子动力电池回收利用放电技术规范》主要适用于电动汽车用废旧锂离子动力电池单体、电池模组和电池包的放电，规定了电动汽车用废旧锂离子动力电池拆解前放电的术语和定义、总体要求、设备环境要求及作业要求。

《车用动力电池回收利用低速动力车梯次利用要求》主要适用于车用动力电池回收利用的低速动力车用梯次利用电池组，规定了车用动力电池回收利用低速动力车梯次利用的术语和定义、符号、工艺流程、技术要求及试验方法。

《废旧锂离子动力蓄电池单体拆解技术规范》主要适用于废旧锂离子动

力蓄电池单体的拆解，规定了废旧锂离子动力电池单体拆解技术的术语和定义、要求、作业程序、外壳回收率和材料回收率。

《废旧锂离子动力蓄电池贮存安全技术条件》主要适用于废旧动力电池包、电池模块、电池单体的贮存，规定了废旧动力电池的贮存和安全环保要求。

4.2.4　退役电池回收利用行业标准化工作组

2022 年 2 月 22 日，经工业和信息化部科技司批复，工业和信息化部退役电池回收利用行业标准化工作组（以下简称工作组）正式成立。工作组委员由政府部门、行业企业、高等院校、科研院所、行业协会等有关方面选派的专家组成。工作组业务领域包括以锂离子电池为代表的高性能电池应用于新能源汽车、储能、电动自行车、船舶、无人机等领域的退役电池（不包含铅酸电池），工作范围包括该领域内退役电池的基础通用类、管理规范类、设计与生产类、报废与回收类、梯次利用类、再生利用类标准制（修）订。

工作组秘书处设在中国工业节能与清洁生产协会，秘书处日常工作由新能源电池回收利用专业委员会负责，2022 年将根据工业和信息化部制定、修订标准计划要求，组织开展标准研究、制定及修订等工作。具体工作计划如下：

一是组织调查研究，梳理国内国际标准现状。梳理退役电池回收利用领域国内外的标准，总结分析相关领域标准发展现状及趋势；动态收集相关领域标准信息，建立健全标准信息库；建立网站专栏，定期更新相关领域政策发布、标准公示及批复等信息。

二是强化顶层设计，研究制定标准框架体系。基于行业发展现状及各级标准发布情况，坚持系统性、先进性、实用性基本原则，围绕基础通用类、管理规范类、设计与生产类、报废与回收类、梯次利用类、再生利用类等方面，搭建标准体系框架；通过行业调研、座谈会议，向工作组委员及相关单位征集框架体系修订意见；修改、完善并编制形成科学系统的标准体系框架（图 4-2）。

三是做好统筹协调，提出急用先行标准清单。研究国家政策法规，梳理行业发展问题及痛点，面向相关单位征集标准需求，初步形成急用先行标准项目清单；组织不同领域行业专家对标准项目清单进行协商论证，确保标准清单的科学合理性；研究提出急用先行标准清单，推动具体标准立项。

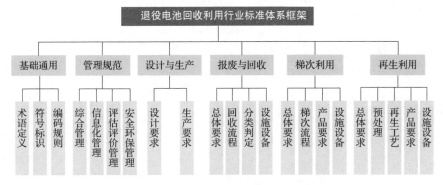

图 4-2　退役电池回收利用行业标准体系框架

四是发挥各方优势，组织开展标准研制工作。遴选各项标准项目的牵头与参与单位，协调发挥各方优势，组织开展标准研究工作；开展必要性及可行性研究，并与标准归口单位协调一致，每季度推动部分标准立项；协同标准牵头单位，成立标准编制工作组，推动标准内容的起草、研讨及修改。

五是利用多种形式，开展标准宣贯培训工作。面向相关机构和产业链上下游企业，通过线上或线下会议、网络媒体等多种形式，开展标准宣贯工作，促进标准的广泛应用；面向相关领域从业人员，开展线下或线上标准培训工作，组织标准的有效实施；承担退役电池回收利用领域行业标准的解释工作。

六是开展国际交流，推动标准研制项目合作。基于国内外行业发展需求，以项目合作的形式，联合开展相关领域标准研制工作；加强与国际标准化组织的合作交流，推动国内标准被国际采标引用，积极承担国家标准项目编制工作；积极借鉴国外先进成果，适时引入国外相关领域成熟标准。

第 5 章 技术创新

5.1 预处理技术发展现状及建议

5.1.1 预处理技术发展现状

新能源电池生命周期一般包括生产、使用、报废、梯次利用以及拆解回收等环节（图 5-1）。报废后的电池有两种处理方式，一种是继续进行梯次利用，另一种是直接进行回收再生利用。但是废旧电池即使进行梯次利用，最终也要走向拆解回收。废旧电池在进行拆解之前，需要首先进行最为关键的预处理过程。废旧电池预处理，包括放电、拆解金属外壳和分离电极材料等过程。首先需要在专业放电设备上进行放电，去除残余电量，再对电池进行拆解，将电池外壳剥离，以获得电芯材料，同时在此过程中收集电解液，而金属外壳会统一回收集中处理。获得的电芯材料会进行破碎及筛分处理，从而进一步获得电池正极材料、电池负极材料和隔膜。合理而有效的预处理过程，可以提前回收部分物料，降低后续电池回收工艺的难度，实现循环经济的利益最大化，具有重大的意义。

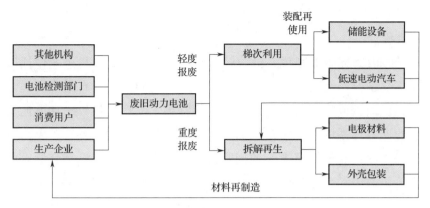

图 5-1 废旧电池回收利用产业链

　　根据工业和信息化部等七部委2018年发布的通知要求,在京津冀、长三角、珠三角、中部区域等选择部分地区,开展新能源汽车动力电池回收利用试点,以试点地区为中心,向周边区域辐射。到 2020 年,要建立完善动力电池回收利用体系,建设若干再生利用示范生产线,建设一批退役动力电池高效回收、高值利用的先进示范项目,培育一批动力电池回收利用标杆企业。2021 年 10 月 18 日实施的《退役动力电池拆解　智能拆解技术与装备》(T/DZJN 35—2021)标准,规定了退役动力电池拆解及其智能拆解技术与装备的总体要求,并规定了动力电池贮存、拆解、测试、性能、安全与环保、包装运输等要求。2022 年 1 月 27 日,工业和信息化部联合国家发展改革委等印发《关于加快推动工业资源综合利用的实施方案》提出,完善废旧动力电池回收利用体系。国家政策主导,以满足市场、行业发展和企业需求,鼓励创新和技术进步,促进行业发展。

　　在政策导向下,锂电池回收循环经济快速发展,大量企业纷纷入局参与到电池回收领域,导致电池厂商自行拆解或第三方拆解模式成为主流,与锂电池回收利用产业比较成熟的发达国家相比,则存在比较典型的问题:

　　1)回收网络不健全。回收网络主要由中小回收公司组成,难以得到有效回收。

　　2)回收企业规模较小,工艺水平不健全,较难保证资源回收效率。

　　3)存在没有经营许可的企业非法从事废旧动力电池回收,带来安全和环保隐患。

　　随着新能源汽车产销量持续增长,电动汽车动力电池的回收利用问题也会越来越突出，需要国家和地方政府相继出台政策，加快推进良性产业生态系统的进程。

对于国内头部企业来说，拆解技术日渐成熟，主要参与企业包括以赣锋锂业、华友钴业、厦门钨业和天赐材料等为代表的正积极布局中的锂电池上游原料提供商，以宁德时代、比亚迪、沃特玛、国轩高科、比克电池等为代表的自建回收体系的电池生产厂商，以及以格林美、湖南邦普、赣州豪鹏、芳源环保等为代表的第三方专业回收拆解利用企业。具体来看，拆解方面，湖南邦普研发了动力电池模组和单体自动化拆解装备，开发的"定向循环和逆向产品定位"工艺可生产镍钴锰酸锂和电池级四氧化三钴。北京赛德美开发了物理法回收技术，通过物理放电、精细拆解、全组分回收，将废旧电池的壳体、电解液、隔膜、正极废粉、负极废粉等材料拆解出来，再通过材料修复工艺得到修复后正极材料。浙江华友钴业建设废旧锂电池资源回收再生循环利用生产线，具备电池包（组）拆解处理、单体破碎分级、湿法提纯等处理工艺。湖北格林美建成废旧动力电池智能化无损拆解线，开发了"液相合成和高温合成"工艺，生产的球状钴粉可直接用于电池正极材料生产。浙江天能建设废旧三元电池无害化拆解处理线，采用将废旧电池单体带电破碎、无害化热解、分选等步骤处理，通过热处理将废旧电池中电解液等有机物无害化处理。综上，目前废旧电池预处理技术路线逐渐由先放电再拆解转向带电拆解、自动化转向智能化，朝着物料精准分离、有机组分无害化处理的方向发展。

5.1.2　关键技术分析

1. 自动化拆解技术

在退役电池的回收拆解领域，国内企业的产线自动化程度普遍偏低，纯手工的操作，依然有可能对周围环境及人员造成二次伤害。各企业在这方面积极创新，研发出自动化拆解设备，逐步实现了退役电池包到电池模块、电池模块到电芯的自动化拆解。同时，通过信息追溯管理系统，对与生产有关的基础信息、物料、品质、设备等信息进行系统化管理，并实现云端存储，确保了退役电池可以实现安全、高效、环保的拆解回收。

对于三元材料电池，出于安全考虑，各企业对容量小、质量轻和体积小的电池的规模化拆解回收，逐渐扩大到对大容量电池进行规模化回收处理。目前已经有成熟的拆解技术，主要采用整体破碎分选的方法进行自动化拆解，其工艺流程依次为放电、高温热解、机械破碎、粒径分选、密度分选等（图5-2）。

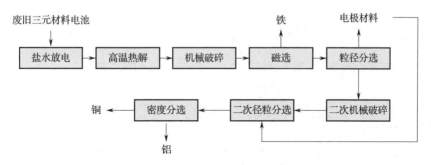

图 5-2 三元材料电池拆解工艺

磷酸铁锂动力电池安全性好，但规格不一、形状各异，可以进行规模化拆解。一些小规模的回收厂家主要先拆分电芯得到正、负极片，再破碎分选，回收铜、铝及电池材料（图 5-3）。

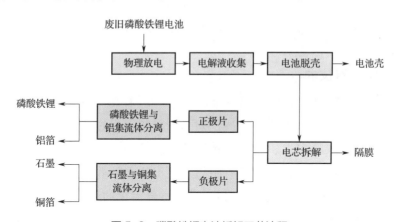

图 5-3 磷酸铁锂电池拆解工艺流程

随着磷酸铁锂电池的大规模使用及逐渐退役，规模化及全自动化拆解磷酸铁锂动力电池仍存在 4 大难题：自动化拆壳技术、自动化拆片技术、磷酸铁锂材料再生利用技术和电池拆解过程中的环境安全控制。

2017 年 4 月，中航锂电（洛阳）建立了全自动化锂动力电池拆解回收示范线，该示范线对锂动力电池中的铜铝金属回收率高达 98%，正极材料回收率超过 90%。2020 年 6 月，巴特瑞科技建立了自动化带电物理拆解工艺示范线（图 5-4），电池无须放电，直接破碎，从源头避免传统工艺下电池"放电"

可能产生的电解液污染。针对电池拆解产生的有害气体,采用"污染控制单元",有效实现对无组织排放气体的收集和控制。生产线处于密闭环境,全程自动化,无须人工参与,能兼容处理市场上主要类型的动力电池,每分钟可处理 6 只 300A·h 的电芯,铜、铝、隔膜、正负极粉料等分离回收率超 95%,剩余物料可用于建筑材料,实现对报废电池的全面回收利用。

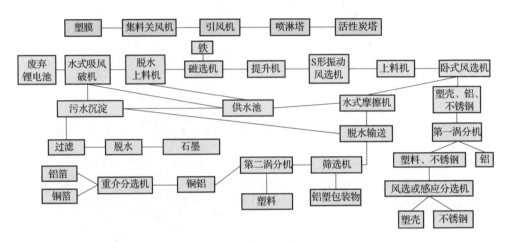

图 5-4 巴特瑞科技电池破碎拆解回收工艺

2. 破碎分选技术

破碎分选技术首先将废旧电池细碎化,再依据各种材料物化性质的差异来实现有价组分的高效选择性分离,如利用材料导电性、密度、磁性、粒径等差异,可以采取静电选、浮选、磁选、筛分等多手段联用,将有价组分高效提取分离,分离后的金属和塑料制品直接出售至回收站,有价组分的材料打包出售至具有处理资质的公司,以达到利益最大化的目的。

破碎分选有连续工艺和间歇工艺两种,涉及旋转破碎装置,包括"锤式破碎""湿式破碎""剪切破碎""冲击破碎"和"切削破碎"等。不同的破碎工艺会产生不同尺寸和形状的材料,严重影响下游分离技术。分解废旧电池时,通常是通过碾磨或切碎,然后主要按大小分离材料。钢壳和铁磁材料可以通过磁选去除,隔膜和包装壳可以通过筛分、密度分离或静电分离来回收,粗粒部分进行密度分离可实现塑料的进一步去除。其余材料主要由带有铝和铜集流体的黑色物质组成,可筛分成各种"粗"和"细"部分。细部分通常主要由正极和负极材料组成,其中包含一定含量的铜和铝。通过湿法筛分可以较好地将黑色物质的较细成分与铝和铜分离，但这种方法的一个缺点是细黑色物质中总是存在高水平的铝污染，需要进一步精制。最后得到的正负极混合细料则可根据密度、亲疏水性的差异用浮选的方法进行分离。由于在粉碎过程中材料的紧密混合，部分高价值材料会被当作废渣处理，这需要进一步的工作来精细化控制各种破碎和分选工艺间的组合，以此来实现材料的全组分回收（图 5-5）。

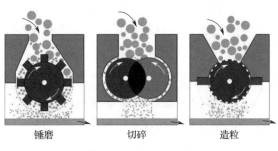

锤磨　　　　　　切碎　　　　　　造粒

图 5-5　破碎示意图

在锂电回收利用产业上，华友研发的湿式破碎及物理分选技术打破了有价金属高效富集和过程污染防治的技术瓶颈。通过湿式破碎去除电芯中大部分含氟、氧、磷的废气/粉尘和电解液中的有机物，降低对后续处理过程的影响，实现退役动力电池预处理过程的污染物防控和清洁生产。完成废锂离子电池破碎分选新工艺及成套装备的研制，解决了目前回收工艺与设备提取率低、污染大的难题，实现了废锂离子电池中有价金属的高效回收利用。

相比不带电破碎，采用带电破碎技术，可以在低氧、无水、控温的工作环境下，对生产线中任意荷电状态（SOC）的电芯或小型模组直接破碎分选，不起火、不燃烧，而且抑制了电解质的复杂分解反应，提升了早期氟磷脱除效率，达到了安全、环保的目的。应用阶段破碎、阶段分选原则，可以在粗碎阶段中几乎不产生外壳对其他物料的包裹和夹带，物料分散效果好，提高了物料粗选分选效率，同时减小了细碎和选粉的压力。破碎物料经短流程直接挥发设备处理，使大部分电解液溶剂尽可能地挥发，溶质尽可能地分解，可以达到较好的脱除有机物和氟磷的效果。使用创新性的专用细碎设备，充分利用隔膜、铜铝箔和粉料之间物理性质的差异，可以实现制粉阶段铜铝箔对废粉的夹带损失少、铜铝分离彻底、隔膜过粉碎少，铜、铝、废粉、隔膜的分选效果好，出粉率高，经济效益好。

3. 智能化解离技术

智能化解离技术是利用物联网等技术，获取实时的数据，然后基于数学模型进行分析、学习，自行适应环境，自行优化并对废旧电池做出拆解分离等动作。自动化升级为智能化，可以实时监控生产状态，通过机器视觉和多种传感器进行质量检测，自动剔除不合格品，并对采集的质量数据进行统计过程控制（SPC）分析，找出质量问题的成因。生产工艺调整灵活，在精度、准确度和速度方面有显著提升，针对人工操作的工位，能够给予智能的提示。智能化升级是当今数字化时代的发展趋势。

格林美针对电池种类及结构复杂多样，电池使用寿命状况也具有多样性的难题，从科学、经济角度遵循先梯次后再生的循环利用原则，创新研发智能化成套装备，将新技术和新理念运用到电池包拆解设备中来，如机器视觉识别、柔性混流拆解、拆解深度智能决策和 AI 拆解等技术已在逐步运用。

巴特瑞科技针对废动力锂电池来源复杂、成分多样、处理难度大等问题，以安全、环保为目标，自主研发了基于废动力锂电池智能存储和自动上料、带电破碎、电解液低温脱除和多级精细分选的拆解技术，以及蓄热式热力燃烧结合碱液吸收废气处理技术，形成了废动力锂电池自动化拆解及其污染控制成套技术与装备。该技术在废动力锂电池接驳智能存取和输送、免放电低温拆解、废动力锂电池电解液低温脱除、回转窑气氛的精准控制以及废气处理的安全性等方面进行了创新，实现了上料和拆解过程的智能化控制，拓宽了拆解废电池的类型，提高了装备的安全性。

华友则对电池包拆解采用智能自动运输车进行运输，并构建安全的仓储系统。通过机械手、视觉检测系统、自动化检测设备等智能自动化设备及信息化系统的应用，对退役动力电池进行精细拆解和柔性制造，提高了退役动力电池利用的经济价值。

5.1.3 预处理技术发展建议

1. 注重开发先进技术和装备

开发废旧电池拆解破碎回收技术及装备，突破电池安全放电、物理精准分离、有机组分无害化脱除等关键技术瓶颈。通过优化电池拆解回收工艺技术参数，搭建标准化成套装备，实现废旧锂离子电池的减量化、资源化和无害化，符合资源可持续发展战略。

2. 建立和完善动力电池回收利用行业标准

要想实现大体量、流程化的动力电池回收工作，首先要保证回收设备对动力电池种类有着很强的适应性和包容性，要能实现对市面上已经存在的绝大多数的电池种类进行无差别拆解。同时，市面上动力电池种类繁多，回收来源复杂，不仅收集困难，而且单一的回收生产线也难以适应所有规格的电池，造成回收过程烦琐、回收成本高等局面。另外，各企业由于技术、设备、规模各不相同、处理过程各异，导致生产的产品品质、回收率及对环境影响程度差异较大，也不利于后续标准化再生利用。因此，建议加强建立和完善行业标准，助力中小企业规范开展回收利用工作，提升回收效率和效益，降低对环境的危害。

3. 加快自动化和智能化转型

利用 5G 数字化优势、工业互联、信息实时监控汇报、升级迭代智能决策和 AI 拆解等技术，机器智能深度学习，全局调控生产线，做好局部优化整体协调的广域布局，促进生产效率向上发展，产品质量从严从优，经济效益稳步增长。

4. 提高企业安全意识，建立并严格实施回收利用过程的安全标准

动力电池回收利用在拆解、粉碎、低温热解、萃取等环节都存在一定风险，如处置不当，会造成人员和财产的损失。面对这些安全问题，行业应加快制修订安全相关标准，为行业发展提供参考，引导行业规范安全管理；企业应制定并严格执行安全规范，同时做好预案以规避一些安全问题，比如用专车运输、贮存、及时对电池放电，降低活性等。

5.2 梯次利用技术发展现状及建议

5.2.1 梯次利用技术发展现状

梯次利用是指废旧电池退役后，整体或经过拆解、分类、检测、重组与装配等相关工艺，能够以电池包或模块或单体的形式再次应用到包括但不限于基站备电、储能、低速动力等相关目标领域的过程。目前，梯次利用的电池多为磷酸铁锂电池，一方面，磷酸铁锂电池容量随循环次数的增多呈缓慢

衰减趋势，另一方面，磷酸铁锂电池不含镍、钴等金属，资源化价值较低，更适合进行梯次利用。废旧电池进行梯次利用可以缓解回收压力、降低环境污染、提升经济效益，并对可再生资源的发展起到促进作用。

我国鼓励梯次利用企业研发生产适用于基站备电、充换电等领域的梯次产品。我国梯次利用产业正处于由示范工程向商业化转变的过渡阶段，在通信基站备电、低速车等领域，梯次利用已逐步商业化应用。而且我国仍在政策方面给予大力支持并强化相关管理，2021年8月，工业和信息化部等发布的《新能源汽车动力蓄电池梯次利用管理办法》（工信部联节〔2021〕114号）中强调产品质量与环保处置，明确梯次利用企业在产品研发、试验验证、生产质量管理、报废回收等方面的要求，保障梯次产品电性能和可靠性，以及产品报废后的规范回收处置；2021年9月，国家能源局发布《新型储能项目管理规范（暂行）》（国能发科技规〔2021〕47号），针对新建动力电池梯次利用储能项目，明确要求遵循全生命周期理念，建立电池一致性管理和溯源系统，并要求梯次利用电池需取得安全评估报告，还要求已建和新建的动力电池梯次利用储能项目须建立在线监控平台，实时监测电池性能参数，定期进行维护和安全评估。

废旧电池梯次利用处理流程主要包含以下过程：通过检测，评估是否可整包应用，如性能良好并能满足相应场景要求，则整包进入梯次利用环节；对不能满足整包利用的电池包进行拆解，分选出性能良好的模组，重组后进入梯次利用环节；对不能满足要求的模组进一步拆分到单体，挑选能够梯次利用的单体进行二次重组（图5-6）。

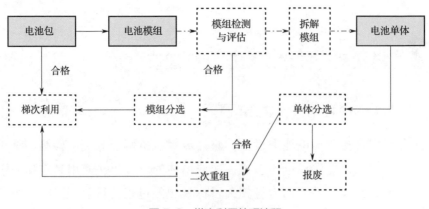

图5-6　梯次利用处理流程

从应用层面来看，电池运行数据缺失、相关标准缺乏、梯次利用关键技术储备不足等原因，给电池梯次利用的安全性、经济性带来挑战。其中，梯次利用技术难点主要集中在寿命预测、检测分选、电池均衡等关键技术方面。

5.2.2　关键技术分析

1. 寿命预测技术

动力电池本身是一个复杂的电化学系统，其容量衰减机理受到电池材料、内部结构、自放电、外部环境等多因素共同的影响，导致单体电池老化程度存在差异，并且导致梯次电池剩余寿命预测较为困难。寿命预测是整个梯次利用产品技术的关键点，寿命测试往往耗时长且成本高，电池寿命的正确评估对电池的生产开发及电池健康管理系统有一定的指导作用。

寿命预测方法按照信息来源可划分三类：基于容量衰退机理的预测、基于特征参数的预测和基于数据驱动的预测。基于容量衰退机理的预测是根据电池在循环过程中内部结构和材料的老化衰退机制来推测电池的寿命，该方法需要利用基本模型对电池内部发生的物理和化学反应过程进行描述。基于特征参数的预测是指利用电池在老化过程中某些特征因素的变化来预测电池寿命，如有学者发现在锂电池正极和负极的 Nyquist 曲线中，对应于界面膜阻抗的低频区半圆大小随着循环次数的增加呈增大趋势，以此来推断电池循环寿命。基于数据驱动的方法是基于统计学理论和机器学习理论，直接利用历史数据建立预测模型而不依赖特定物理模型，数据驱动法具有简单实用的优点，但是由于获取的数据不可能覆盖所有的参数，也具有一定的局限性。

目前针对剩余寿命预测技术的关键点在于全生命周期监测，即建立大数据追溯系统平台对退役电池进行系统分析，利用电池历史数据和实测数据，依靠大数据平台提供的海量分布式存储和并行计算功能，提取相关特征以实现电池的荷电状态（SOC）和健康状态（SOH）在线估算，对安全可靠性和电压、内阻、容量的一致性等做出正确判断，从而实现剩余寿命的精准预测。

江苏华友开发设计了云端电池管理平台，可通过平台对退役动力电池以往运行数据的分析建立模型，从而实现残值的评估以及寿命模型的预测。

2. 检测分选技术

动力电池经过长期车载使用后，电池老化、健康状态下降、性能状态差异变大，同时一些电池可能具有安全隐患。对退役电池进行梯次利用前必须对退役电池进行分选，目前分选方法可分为四类：

一是单参数分选法，一般选择静态容量、静置后端电压值、电池内阻等静态指标作为分选依据。静态容量分选方法是将特定工况下电池释放的容量作为依据进行分选，电池充放电时间耗时较长，但该方法操作简单，大多数梯次利用分选厂商在电池配组时会采用特殊设备对大量电池单体进行批量检测；电池内阻大小会随着电池使用过程发生动态变化，从一定程度上可以反映电池的健康程度；静置后端电压值需要将电池补电后在常温下静置一段时间后再检测，静置时间耗时较长，同时也添加负载，以端电压值作为分选依据不够准确。单参数分选缺乏统一的标准，由于评价依据过于单一，评价准确度不高。

二是多参数分选法，目前作为主流的单体电池梯次利用分选方法。相对于单一参数来说，多参数分选法同时考虑电池内阻、容量、电压等参数值，准确度较高，但参数的检测过程耗费大量的时间和人力，自动化程度不够高。

三是动态特性分选法，利用电池充放电电压特性曲线数据作为分选依据，相对于静态特性分选方法，充分考虑了电池在工作过程中的状态差异，并通过充放电曲线数据可得到电池其他特性。采样时间间隔不同，充放电曲线数据个数及精度不同，都会影响分选聚类的准确性，因此，采用这种方法时应考虑如何高效使用计算机处理充放电数据、如何进行数据比较、如何选取标准曲线等问题。

四是电化学阻抗谱法（EIS），通过在一个直流极化的条件下，研究电化学系统中的交流阻抗随频率的变化关系，分析过程中的动力学、扩散现象，研究电池材料、电解质和腐蚀防护等机理。

通过上述分析，目前多数分选方法都是针对单体电池分选，其中多参数的分选方法最为常见，不仅易于检测和测试，而且分选依据具有明显的物理意义。但参数的分选方法多数依据静态参数，缺乏对电池工作过程中的动态考虑，没有全面评估电池性能。电池在聚类过程多以确定的阈值作为分类依据，对于属于同一类电池中的深度配组方法大多数需要重新检测参数，检测成本过高。将多参数与动态特性相融合，对属于同一组的单体电池进行深度配组是提高电池聚类一致性的有效方法。

总体上看，电池分选方法效果好，筛选后电池组一致性较高，但仍然存在退役动力电池数量庞大、亟需快速分选方法的问题。有专家提出采用容量快速预估方法以提高退役电池分选效率，基于不同老化程度电池的充放电电压变化存在差异这一特性，提取电压曲线上的特征电压来间接表征各个电池容量的不一致性，进一步利用算法建立特征电压与容量之间的模型，实现输入电池特征电压后即快速输出容量预估值的效果，由于电池的快速充放电测试所需时间远小于标准容量测试，所以能够大幅提升分选效率。但该方法研究对象为电芯并非模块，在实际工程应用中，退役电池模块中的电芯多以焊接、铆接的方式进行联结，拆解过程烦琐且耗时多。有专家提出基于老化程度不同的电池具有不同的充电/放电电压曲线的现象，分析了退役电芯特征电压与剩余容量之间的映射关系，并结合机器学习算法，对电池电芯进行快速筛选测试，以提高电池分选过程的综合效率。

3. 电池均衡技术

退役电池重组应充分考虑电池在电应力和热应力下的不一致性，从电池布局、电池均衡、功率分配的技术角度提高电池系统对不同种类梯次电池的兼容性，从而提高退役电池梯次利用的容量利用率。出厂差异、环境因素、过充电和过放电以及长期使用等原因，造成废旧单体之间存在严重差异。电池组"木桶效应"会造成电池组放电容量降低和电池寿命缩短，电池过充电或过放电甚至会引起安全事故。退役电池组梯次利用前进行均衡，是改善退役电池组不一致性、延长使用寿命的有效方法。在电池组发生一致性问题的情况下，电压差异特征的表现最为明显，也是电池组一致性检测的常用和关键量化指标，从电压检测、均衡控制和设备成本控制的角度出发，通过控制电压的方式进行均衡是最经济、最有效和最容易实现的方案，为广大研发人员采用。

目前，均衡方法分为主动均衡和被动均衡（图 5-7）。被动均衡是通过对每一单体电池并联旁路分流电阻来实现电池均衡的方法，具有成本低、简单、容易实现等优点，但是该均衡方法只能在电池充电时工作，均衡效率很低，电池部分容量以热量形式损失，并且需要热管理。主动均衡利用电感、电容、变压器传递能量，无能量耗散，包括电容/电感均衡法、绕组变压器法、DC/DC 变换器等方法，共同优点是均衡效率高，但是控制策略复杂。

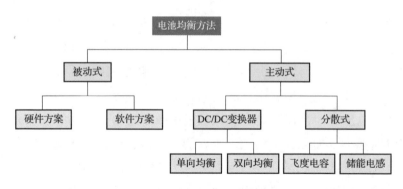

图 5-7 常见的电池均衡策略

2013 年，杭州协能科技股份有限公司（以下简称协能）自主研发的基于双向 DC/DC 变换器的一致性算法主动均衡芯片正式推出，这是业界首颗工业级高性能主动均衡芯片。与传统均衡芯片相比，创新性的内嵌先进智能算法，以能量转移的方式调整单体电池一致性，充分发挥单体电池的性能，延长电池组的使用寿命和平均无故障时间。目前，该公司的主动均衡芯片早已实现量产，并在动力汽车、储能系统中大量应用，具有超过 400MW·h 储能项目以及长达 6 年的动力汽车项目经验。另外，基于该主动均衡芯片研发整套同步主动均衡系统已经在浙江省电动汽车服务公司的电动出租车上进行中试推广，电动公共汽车电池均衡管理系统在山东实现商业化运营。协能的双向电池管理系统（BMS）主动均衡技术具备以下四个创新点：①芯片采用了创新设计，内部集成双向 DC/DC 变换器和自检电路，解决了传统均衡电路自检复杂、保护困难的难题；②创新设计了单线通信电路，使得均衡电路的控制、信息传输得以简化，极大地降低了系统成本；③创新设计了高性能主动均衡算法，替代传统的被动均衡和电压均衡法，实现了电池组真正的状态平衡；④创新性地引入了大数据管理平台，简化现场维护工作，提升效率，并收集海量数据，为后续的均衡算法研究提供数据支撑。

5.2.3 梯次利用技术发展建议

1. 加快推进快速高效的检测评估技术

目前废旧电池检测面临流程长、周期长以及时间成本高等痛点，其中最主要的是电池性能检测的技术难度较大且线下拆解检测成本较高，退役电池交易双方因物流、检测成本高等问题导致无法快速了解电池性能，因此需要进一步开发快速检测手段，同时要充分利用大数据，部分替代电池分类检测，提高废旧电池检测的效率。

2. 完善动力电池数据采集、存储体系，开发基于区块链技术的电池数据生态系统

完善电池使用阶段的运行数据采集存储系统，确保动力电池退役时历史数据完整，同时优化基于历史数据的电池状态诊断方法，提升电池状态、安全隐患以及剩余寿命评估的准确度。通过所有用户共享或大数据平台系统收集电池使用数据，更加高效训练电池寿命预测算法，提升预测算法在不同地域和工况下的预测精度，准确预测电池在不同使用条件下的剩余使用寿命，确保系统的安全可靠运行，并促进实现电池剩余价值的最大化利用。

3. 开展安全监控技术研究，建立梯次利用电池在线监控平台

需要深入了解退役电池在梯次使用过程中 SOH 与电池安全性能之间的关系，开展不同工况下退役电池的"预警 – 防控 – 消防"安全监控技术研究，最大限度地保障梯次电池储能的安全性。建立梯次利用在线监控平台，遵循电池全生命周期理念，实时监测梯次利用电池性能参数，确保安全预警防控的同时实现覆盖动力电池整个生命周期的信息溯源。

4. 开展全寿命状态估计算法研究

在电池管理方面，针对梯次利用电池处于寿命中后期的特点，充分考虑电池老化，开展全寿命状态估计算法研究，增加寿命预测功能，同时需要加入主动的延寿技术，通过电池最大工作电流、利用模型预测控制方法进行热管理系统优化。

5.3 再生利用技术发展现状及建议

5.3.1 再生利用技术发展现状

废旧电池的再生利用是指对电池中有价元素再生，并将其资源化利用的过程。动力电池需要的锂、镍、钴等原材料都是非常重要的战略资源，目前我国锂、镍、钴资源对外依存度仍较高。因此，动力电池回收利用市场的发

展，有利于改善动力电池所需锂、钴、镍等原材料多依赖进口的窘境，具有重要的战略意义。另外，废旧动力电池中含有的重金属及电解液等有机物若不进行有效处理，也将会对人和环境健康造成严重损害。综上，从环境治理和资源利用角度来看，废旧动力电池回收和循环利用将成为新能源汽车产业链的关键环节之一。2021 年 12 月，工业和信息化部联合科技部、自然资源部印发《"十四五"原材料工业发展规划》（工信部联规〔2021〕212 号）提出，开发"城市矿山"资源，支持优势企业建立大型废钢及再生铝、铜、锂、镍、钴、钨、钼等回收基地和产业集聚区，推进再生金属回收、拆解、加工、分类、配送一体化发展。构建国家和企业共同参与，产品储备和资源地储备相结合的矿产资源储备体系。在动力电池退役回收利用潮来临之际，对于动力电池及相关金属材料的回收，政策支持的信号正在不断加强。2022 年 2 月 10 日，工业和信息化部、国家发展和改革委员会等八部门联合印发《关于加快推动工业资源综合利用的实施方案》（工信部联节〔2022〕9 号）。方案提出，要实施废钢铁、废有色金属、废旧动力电池等再生资源综合利用行业规范管理。着力延伸再生资源精深加工产业链条，促进钢铁、铜、铝、锌、镍、钴、锂等战略性金属废碎料的高效再生利用。2022 年 2 月 28 日，工业和信息化部在国新办发布会上表示，强化资源保障，着眼于满足动力电池等生产需要，适度加快国内锂、镍等资源的开发进度，打击囤积居奇、哄抬物价等不正当竞争行为。同时，健全动力电池回收利用体系，支持高效拆解、再生利用等技术攻关，不断提高回收比率和资源利用效率。

目前国内主要回收工艺技术以湿法路线为主，其优势在于可提取锂、镍、钴、锰等稀贵金属比例较高，保证所提取金属可以重新回到动力电池。国外回收工艺则以火法冶金和湿法冶金为主（表 5-1）。比利时 Umicore、美国 RetrievTechnologies、日本住友金属矿山等都是全球较为知名的锂电池再生企业，他们的回收主要是针对动力电池的有价金属元素如锂、镍、铜，其他的价值较低的组分关注很少。

表 5-1　国外主要电池回收公司的工艺及产物

国家	企业	回收工艺	产物
德国	Accurec Recycling GmbH	火法 - 湿法	钴合金、Li_2CO_3
	GRS Batterien	火法	合金
	IME	火法、湿法	合金，Ni、Co 氢氧化物

（续）

国家	企业	回收工艺	产物
英国	AEA	湿法 – 电沉积	CoO
法国	Recupyl	湿法	$Co(OH)_3$、Li_2CO_3
	SNAM	火法	合金
瑞士	Batrec Industrie AG	湿法、火法	化合物、合金
芬兰	Fortum	火法	电池级锂、钴化合物
	Akkuser OY	机械破碎 – 火法	合金
比利时	Umicore	火法 – 湿法	镍钴合金、锂化合物

资料来源：《废旧动力电池处理》，肖松文。

当前回收效率更高也相对成熟的湿法回收工艺正日渐成为专业化处理阶段的主流技术路线。华友、格林美、邦普集团等国内领先企业，以及 AEA、IME 等国际龙头企业，大多采用了湿法技术路线作为锂、镍、钴等有价金属资源回收的主要技术。需要注意的是，传统湿法工艺存在两大缺点，一是按重量计，电池整体回收率低，三元电池整体回收率在 50% 以下，铁锂电池则在 30% 以下。二是环境污染风险，电解工艺采取低温焚烧方法处理，隔膜、电解液在焚烧过程中产生二口恶英（又称二氧杂芑），易形成二次污染。同时，湿法生产过程添加强酸、强碱、大量氨水等，如处理不当，则会存在污染空气、水、土壤的风险。

从技术维度来看，回收利用要求不断细化，回收利用标准化程度持续提升。近年来我国关于回收率的要求逐渐严格，至今已形成较为完善的回收率规定，其中镍、钴、锰元素的金属回收率要求达 98%，锂的回收率也从 2016 年的不要求，提高到 2018 年的要求不低于 85%，稀土等其他主要有价金属综合回收率不低于 97%。2019 年还对其他材料和废水循环利用率提出要求。从落实情况来看，当前部分企业回收率已超过规定要求，华友钴业、格林美等企业锂回收率已达 95% 以上，持续提高的回收利用标准进一步助力行业走向规范化，也有助于行业的良性竞争。

5.3.2 关键技术分析

为了克服现有回收工艺存在的处理成本高、回收率低、环境风险高和流程复杂等缺点，针对不同回收目标，发展出湿法火法联用、全组分无害化回收、低值组元的资源化和无害化处理、选择性提锂等技术。

1. 湿法火法联用技术

传统的再生利用技术有火法、湿法以及湿法火法联用技术。火法冶金是一种常规的金属回收方法，是指对各种废物进行高温处理，并通过高温化学反应将其回收利用。这个过程包含煅烧、焙烧、熔炼和精炼等步骤，直接对废旧电池进行热处理，以实现其物理和化学状态的转变，从而能够提取有价值的金属。然而，该方法会造成一系列环境问题，包括有害有毒挥发性化合物的排放和存在的卤化阻燃剂所引起的烟雾。此外，选择性低、耗能大、金属回收率低以及较低的设备性价比，使该工艺难以在中小型企业中发展。湿法冶金相对火法则更为常见，它包括两个过程，利用酸、碱、盐或离子液体等浸出剂溶解和浸出电池中的金属元素，然后采用沉淀、离子吸附、溶剂萃取、离子交换、电化学还原等方法对溶液中各金属元素进行分离、提取和纯化。规模化应用涉及大量酸碱试剂的使用，高浓度酸挥发形成的 Cl_2、NO_x 等有毒气体和酸雾会对人体健康造成威胁，设备维护费以及三废处理的环保费用也将压缩企业的利润。为了满足低碳环保的要求，湿法火法联用只需较低的温度对电池热处理，使其金属元素的物理和化学状态转变为更容易被浸出剂浸出的形式，大大节约了能耗以及浸出剂的使用，还能有效提高对金属元素的浸出率和回收率。

湿法火法联用技术先进行热处理步骤，可以是氧化煅烧、还原煅烧以及硝酸盐、氯盐、硫酸盐等盐类辅助煅烧，煅烧后的固体渣再经过酸浸、碱浸以及氧化还原甚至单独的水浸等方式浸出其中的有价元素，再经提纯步骤，实现高效、低碳环保的再生利用回收目标。三元和钴酸锂正极材料中有价资源镍、钴占比高，经济性高，而磷酸铁锂中有价金属锂元素的含量低，仅为4.4%，存在经济性问题，因此湿法火法联用技术多处理含镍、钴的废旧电池（图5-8）。

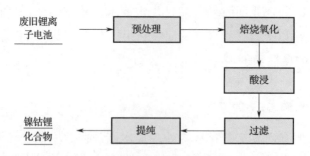

图5-8　典型湿法火法联用回收废旧锂离子电池示意图

2. 全组分、无害化回收技术

目前对废旧锂离子电池回收利用研究主要集中在有价金属回收利用方面，对其中的电解液进行回收或无害化处理的关注较少，对电池中的金属铝更是作为杂质除去，大规模生产时存在机械化程度低、环境污染、资源浪费等问题。鉴于此，全组分、无害化回收技术旨在对隔膜、电解液等易产生污染的有机物进行焚烧无害化处理，以及将废旧电池的壳体、电解液、隔膜、正极废粉、负极废粉、集流体等材料深度回收再利用，提高电池整体回收率及经济效益，真正实现环境保护和经济发展的双赢，使锂离子电池产业得到良性的可持续发展。

全组分、无害化回收技术综合拆解分选和湿法冶金的优势，实现全组分资源再生的效果。首先对废旧锂离子电池放电处理，除去外壳后破碎，将破碎所得全部物料在保护性气体的保护下热处理，得到热处理固体产物和可燃油气，再将热处理固体产物分散，筛分得到集流体粗料和电极细料，电极细料可以水浸提锂，得到锂浸出液和提锂渣，锂浸出液可以沉锂得到碳酸锂，对提锂渣进行酸浸，则可以得到金属浸出液和石墨，金属浸出液通过沉淀、萃取等方式对金属元素再生利用，石墨可被修复重新作为电池负极使用（图 5-9）。

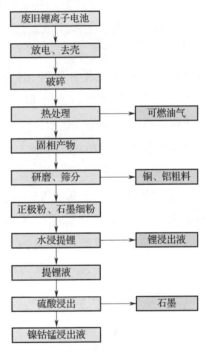

图 5-9　废旧锂离子电池全组分回收方法

技术上，广东光华开发了"多级串联协同络合萃取提纯""双极膜电渗析"等技术，采用环境友好的处理工艺实现多种有价金属元素的回收利用。江西赣州豪鹏投产的锂电池回收利用项目，具备完善的废旧电池无害化处理设备和流程，利用先进的环保工艺和设备对废旧电池进行资源化处理。

3. 低值组元的资源化和无害化处理技术

关于废旧磷酸铁锂的回收技术主要集中在从废极片或者活性物质中回收锂，对铁、磷等低值组元的回收技术研究相对较少。在产业化方面，大多数磷酸铁锂回收企业主要是回收锂制备成碳酸锂或粗制锂盐产品，而铁、磷通常以固废渣的形式而丢弃，造成环境资源浪费和环境危害。在回收利用市场竞争日益激烈的情形下，废旧磷酸铁锂电池回收企业仅仅依靠回收锂金属无法实现稳定盈利，从而使得废旧磷酸铁锂电池回收利用企业积极性不高，很多废旧磷酸铁锂电池没有得到很好的回收利用，长此以往将阻碍新能源行业的健康可持续发展。因此，对铁、磷等低值组元回收，将使废旧磷酸铁锂电池得到很好的回收利用。

国内对磷酸铁锂中铁、磷等低值组元的回收技术主要是将拆解得到的磷酸铁锂粉末经硫酸/盐酸/硝酸等无机酸浸出后得到含有 Li^+、Fe^{2+}、PO_4^{3-}、F^-、Al^{3+} 和 Fe^{3+} 等离子的浸出液，沉淀除铝、吸附除氟，然后调节 pH 值加入氧化剂沉淀得到 $FePO_4$，最后再调节 pH 值并添加 Na_2CO_3 得到 Li_2CO_3。虽然能达到低值组元的资源化和无害化处理的目标，但也容易造成锂的损失，锂回收率不高，此外，回收过程中含铁浸出液除杂困难，难以得到符合行业标准的电池级磷酸铁。因此，需要进行工艺技术创新，降低有价资源锂的损失，在铁、磷富集过程中进行精细化除杂。

格林美开发出二步回收工艺用于磷酸铁锂低值组元的资源化和无害化处理，先用稀酸浸出提取废旧磷酸铁中的锂，对浸出液净化除杂后得电池级的碳酸锂，对于磷铁渣则采用低附加值铁开源的思路，对磷铁渣碱浸并将其转化为磷酸铁或高纯磷酸钠，高效实现废旧锂离子电池中锂铁磷的低成本回收再利用；并且可与现行磷酸铁锂电池正极材料生产线兼容，通过补铁盐溶液可制备电池级 $FePO_4$，实现有价元素的低成本高价值回收与再生（图 5-10）。

4. 选择性提锂技术

废旧锂离子电池回收利用大多采用拆解—破碎—分选工艺得到正极物料，其中根据所使用的设备和方法的不同，正极粉料中会含有不同程度的铁、铝、铜、碳负极粉等，正极物料经酸浸—净化—镍钴锰分离—蒸发结晶—回收锂等工艺回收其中的有价金属锂、镍、钴、锰。酸浸过程中，锂、镍、钴、锰等全部进入溶液，提取镍、钴、锰后，溶液中锂浓度较低，而钠离子浓度非常高，为了提高锂的一次回收率，需将溶液中的锂离子浓度提高到15g/L左右，浓缩锂的过程中硫酸钠达到饱和需要结晶除去，且回收的锂产品中钠含量较

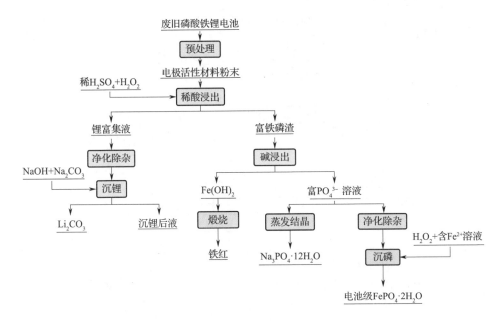

图 5-10　磷酸铁锂低值组元的资源化和无害化处理流程

高，不易控制。物料如果进入大量的镍、钴冶金工艺过程，锂在溶液中的浓度会更低，回收难度更大，有些企业直接将该溶液作为废水排放，造成资源的浪费和废水回收成本的增加。因此，对废旧锂电池中的锂选择性浸出提取，可以得到高富集的含锂溶液，提高锂的回收率，减少沉锂成本，提高经济效益。

选择性提锂的方法一般是先将正极物料煅烧，将锂转化为易被浸出的化合物，其他有价金属元素则在浸出过程中以渣的形式存在，锂进入溶液中进行回收，实现选择性提锂的目的。针对不同电池材料，可以选择氧化煅烧和还原煅烧的方式来改变锂和其他元素的物理和化学状态，在浸出过程中实现区别浸出的效果。依据电化学性质也能对电池材料进行电化学选择性提锂，达到低碳环保的效果。

典型的选择性提锂方法是将废旧锂离子电池通过拆解、破碎、分离后的正极材料与浓硫酸混合均匀，进行高温焙烧，焙烧产物用纯水和稀碱溶液浸出，得到含锂水溶液，除杂后制取 Li_2CO_3 或氢氧化锂产品；水浸渣采用还原酸浸法浸出其中的镍、钴、锰等有价元素，经除杂、萃取、净化后制取相应的化合物产品（图 5-11）。

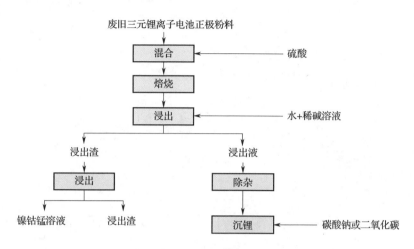

图 5-11　废旧三元锂电池选择性提锂流程

　　为使磷酸铁锂中的锂被选择性浸出，多采用氧化煅烧方式将磷酸铁锂中的铁磷转化为难溶于水的磷酸铁。首先将废旧锂离子电池拆分、破碎筛选得到的磷酸铁锂等正极材料粉料进行氧化焙烧，得到的焙砂用水调浆，并加入适量氯化钙或石灰乳溶液反应转型，焙砂中锂被选择提取到溶液中，从而实现与锰、铁、铝、磷等分离，锂的选择性提取，得到的锂溶液纯度和锂浓度高，可以避免萃取除杂、蒸发浓缩等过程（图 5-12）。选择性提锂工艺中，锂的回收和产品制备工艺简单、回收率高、能耗低，且不存在高浓度钠盐废水的环境问题。

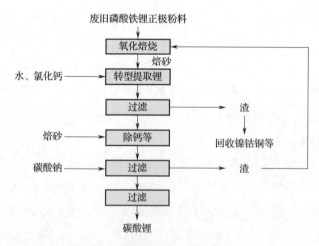

图 5-12　废旧磷酸铁锂选择性提锂流程

在技术方面，矿冶科技公开的废旧锂离子电池材料中选择性提取锂的方法，将含锂电极材料氧化焙烧后，用不含酸的钙、镁等盐溶液对焙砂进行转型，焙砂中的磷酸锂转型成钙、镁等难溶性磷酸盐，而锂被溶出进入溶液，铁、钴、镍、锰、磷等杂质留在渣中，实现了锂的选择性优先提取，一步实现锂与铁、钴、镍、锰、磷等多种杂质的分离，简化了锂的回收利用流程。由于转型提锂的选择性高，因而可以采用较小的液固比进行，从而提高溶液中的锂浓度，无需蒸发浓缩即可直接采用碳酸盐沉淀锂，可大幅降低锂的回收利用能耗。且由于转型后的含锂溶液无需萃取除杂作业，避免了废旧锂离子电池综合回收中的高浓度钠盐废水的处置与环境问题。

赣锋循环开发的退役三元锂电材料选择性提锂的方法，以传统湿法酸浸渣为还原剂，实现了废渣利用并且采用氯化镁回收利用酸浸渣含有的氟化锂，通过还原焙烧、粉碎过筛得到一定的筛分料以增大碳化反应活性，经碳化分离达到含锂碳化液，实现了与镍钴锰渣的分离，并经加热分解、提纯烘干得到电池级碳酸锂，碳酸锂含量达到 99.5% 以上（图 5-13）。

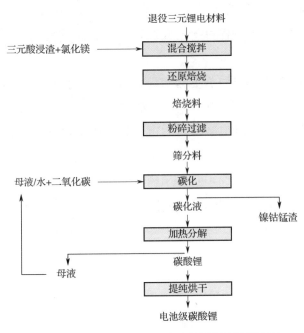

图 5-13　赣锋循环退役三元锂电池选择性提锂流程

5. 负极废料深度净化与性能修复技术

负极废料深度净化与性能修复技术一方面是回收负极中残留的锂等有价

资源，另一方面是对负极材料除杂净化并对其性能修复再生，实现负极材料高值化效益。锂离子电池在正常放电时，锂离子会从负极材料中脱出，通过电解质和隔膜后嵌入正极材料中。电池在正常使用情况下报废，经过盐水浸泡等方法可以使电池的电量基本上完全放掉，此时负极材料中含锂量就会特别少，可以忽略不计。在使用过程中，由于电池内部断路或者其他原因，以及电池厂做完穿刺检验后的电池，均会导致锂离子不能正常发生"嵌入 - 脱出"反应，那么负极片中的锂离子就无法通过盐水放电等常规工序脱出。除了在不正常的充放电过程中所导致嵌入的锂滞留在材料层间之外，电解液也能将部分锂吸附到材料上。一般来说，从退役锂离子电池中拆解出来的失效负极片中含有的锂含量约占 3%~5%，高于一般锂矿石品位，铜含量约20%~30%，石墨含量约 70%~80%，如果不加以回收再生循环利用，既会造成浪费，也会对环境造成严重污染。

锂离子电池负极材料主要有碳负极材料、锡基负极材料、含锂过渡金属氮化物负极材料、合金类负极材料、纳米级负极材料、纳米材料等，目前应用最广泛的是碳负极。针对碳负极中残留的锂等资源，可以通过电化学、酸浸、煅烧、熔盐处理等方式对锂进行回收利用，同时对负极进行深度净化和性能再修复。

电化学是将分离得到的负极活性物质压制成块状后用石墨夹具夹住作为阳极，金属锂作为阴极，配以含锂盐溶液作电解液，外接 3.5~5.0V 的电势，锂离子从阳极脱出，通过电解液之后沉积在阴极金属锂的表面，从而实现负极片中锂的高效回收利用。酸浸是将废旧锂离子电池负极石墨材料在含有一定浓度氢离子的水溶液中浸出，再用碳酸盐沉锂得到碳酸锂，对于酸浸后的废旧石墨，则可以利用液相机械剥离的方法制备石墨烯材料。为了提高深度净化效果，可以在浸出过程中辅以超声处理。煅烧法则是通过将石墨负极粉碎，回收铜粉，进行低温一次煅烧，使石墨粉中的黏合剂炭化，再经过二氧化碳氢化分解，回收碳酸锂，高温二次煅烧，回收氟化锂，最后石墨粉经气流粉碎，风选分级后，得到再生产品。该方法可以修复再生石墨材料的物理指标，提高再生石墨材料的循环寿命，满足再次循环利用于电池的性能要求。熔盐法以从废旧锂电池负极拆解所得石墨混料为原料，首先通过溶剂对混料进行浸取，随后干燥并进行筛分分级得到预处理石墨，之后将预处理除杂后石墨与复合碱进行低温下熔融深度除杂处理，最后将碱熔后除杂石墨进行酸浸后处理，经水洗、过滤、干燥后得到深度除杂回收石墨（图 5-14）。

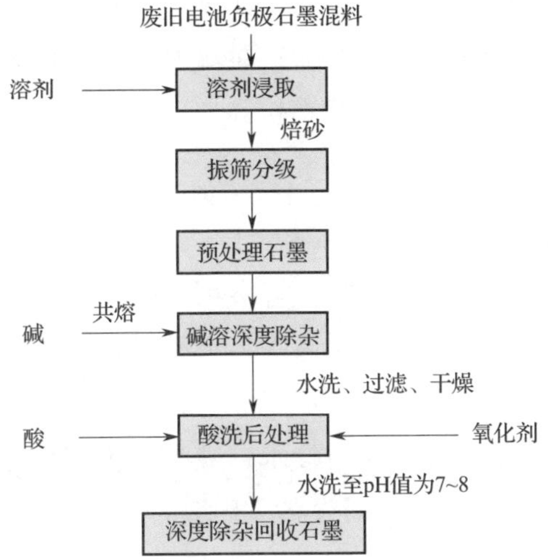

废旧电池负极石墨混料

溶剂 ———→ 溶剂浸取

焙砂

振筛分级

预处理石墨

碱 —共熔—→ 碱溶深度除杂

水洗、过滤、干燥

酸 ———→ 酸洗后处理 ←——— 氧化剂

水洗至pH值为7~8

深度除杂回收石墨

图 5-14　废旧电池负极回收退役石墨深度除杂流程

5.3.3　再生利用技术发展建议

1. 加强再生利用技术创新

由于动力电池回收利用企业少、参与主体少、回收利用渠道不完善等原因，我国动力电池回收利用网络尚不完善。动力电池再生利用拥有较高的技术门槛。废旧电池回收利用的整个过程包括放电、拆解、破碎、分选、除杂、元素合成等几十个复杂步骤，涉及物理、化学、材料、工程等多个交叉学科，技术复杂冗长。动力电池回收利用行业的核心技术，在于如何采用配方合适的化学溶剂将有效成分提取或萃取出来，重新做成电池原材料加以回收利用。因此，有必要对当前回收技术不断创新，注重对有价资源高效且有选择性地浸出和提纯，提高回收率和资源再利用率。针对低值组元资源，则应考虑向高值化产物转化。对于低浓度、低含量的资源，则应注重微量元素提取技术的开发，做到全组分回收利用，达到资源全回收利用的目标。

2. 构建短程高效回收技术实现降本增效

成本和盈利问题是废旧电池回收利用所要考虑的一个关键问题，应构建合理的回收流程，做到简易、高效的执行步骤，避免不必要的回收环节。动力电池包属于第九类危险品，运输过程应符合危险品运输的相关规定。从目前情况看，回收电池成本实际上只占总成本的 50%~60%，40%~50% 的成本在运输、人工方面。当前各参与方大多数都处于项目示范或者微盈利经营状态，进一步的盈利还需要时间和经验的累积。形成规模效应是当下动力电池回收利用的重要突破点。

3. 开发电池绿色、环保回收技术

传统废旧电池再生利用过程中，将会用到强酸、强碱、有机萃取剂等多种复杂试剂，且部分试剂用量大，这些将大幅增加设备耐蚀成本、有机物处理成本及酸碱废水处理成本，进一步可能对社会环境造成一定影响。因此，开发一种新型绿色环保的再生利用技术，减少或不使用强酸、强碱、有机萃取剂等试剂，降低资源再生利用对设备、环境的影响，实现绿色可持续发展。

第6章 成果借鉴

6.1 地方案例分析

6.1.1 湖南省新能源汽车动力电池回收利用发展模式

湖南省是全国新能源汽车动力电池回收利用试点省份，省工信厅认真落实工业和信息化部相关工作部署和要求，积极创新试点政策措施，经过近3年的试点，湖南省建立健全了动力电池全生命周期溯源管理体系，大幅度提高了综合利用行业规范管理水平，初步形成了基于互联网的行业共享的回收网络，技术创新取得新突破，产业规模与产业技术水平均居全国前列，政策宣贯及业务培训覆盖面持续迅速放大，行业规范自觉性和社会公众参与度显著提高。

1. 创新试点政策措施，加强顶层设计，规范高效发展回收利用产业

编制并发布《湖南省新能源汽车动力蓄电池回收利用试点实施方案》，确定湖南省回收利用产业发展路线

为切实做好试点工作，湖南省于2018年12月确定了第一批试点单位共45家，其中新能源汽车生产企业15家，回收利用企业24家，行业协会等其

他单位 6 家。2019 年 1—4 月，在深入 45 家试点单位逐一座谈讨论、进一步细化各试点单位的工作任务与工作目标的基础上，省工信厅会同省科技厅、生环厅、交通运输厅、商务厅、市场监督管理局、能源局，发布了《湖南省新能源汽车动力蓄电池回收利用试点实施方案》，公布了指导原则、主要任务、重点工作、保障措施等内容，明确了 45 家试点单位承担的 51 项试点任务，旨在通过 3 年 51 项试点任务的实施，形成技术领先、运营规范、产业规模与市场需求相适配的回收利用产业链。

创新财税支持政策措施，引导回收利用产业链高质量发展

一方面，设立专项，以公开招标方式支持产业链系统集成攻关。针对动力电池回收利用产业链关键环节多、回收网络体系建设点多面广难度大、梯次与再生利用核心技术与商业模式亟待创新等瓶颈，湖南省创新工作思路，以为产业链提供系统集成解决方案为目标，在制造强省专项资金中，设立专项，组织实施"湖南省新能源汽车动力蓄电池回收利用系统集成解决方案项目"。历时一年半，通过对国内外文献资料分析研究，省内全部试点单位现场调研、省外代表性企事业单位现场调研，20 余次多形式专题讨论，于 2019 年 11 月印发了《湖南省新能源汽车动力蓄电池回收利用系统集成攻关实施方案》（湘工信节能〔2019〕460 号），计划于近三年以公开招标的方式征集并实施 2 个新能源汽车动力电池回收利用系统集成解决方案项目，引导和支持省内相关企业聚集产业、技术、人才等各方优势资源，开展协同攻关。2020 年 9 月，省工信厅委托招标机构进行公开招标，由长沙矿冶院牵头，中车时代、铁塔能源湖南省分公司等 11 家单位组成的联合体中标，中标价格 1000 万元，重点开展回收网络体系建设、第三方共享回收服务平台建设等商业模式创新、电池性能检测评价、残余价值评估、梯次利用和有价组分再生利用等关键技术攻关及产业化，聚集省内优势资源，开展协同攻关，加快推动形成先进规范、多方联动、资源共享的动力电池回收利用产业链。第二个系统集成解决方案项目招标工作正在进行中，攻关目标将聚焦三点，一是以功能丰富的区域中转中心为核心的线上线下共享的回收网络体系建设，二是梯次产品一致性管理技术与性能检测评价技术，三是磷酸铁锂等低值废旧动力电池的高值化利用。

另一方面，实施省级工业固体废物资源综合利用示范创建，将动力电池回收利用项目纳入重点支持。2019 年，省工信厅印发《湖南省工业固体废物资源综合利用示范创建工作方案》（湘工信节能〔2019〕459 号），对达到创建标准，通过审核确认的省级工业固体废物资源综合利用示范基地（园区）、示范企业、示范项目给予授牌，并从制造强省专项资金中安排资金给予奖励支持。废旧动力电池回收利用列入了创建范围，经企业自愿申请，市（州）推荐，综合评审，邦普循环的"废旧动力电池循环利用产业化项目"、长沙矿冶院和中车时代电动等单位组成的联合体的"废旧动力电池资源综合利用示范项目"被纳入示范创建计划，2022 年年底将完成评估验收。

指导成立动力电池回收利用产业联盟，强化溯源履责管理，促进产业链协同创新

动力电池回收利用产业点多面广，尤其是在回收环节，只有产业链全体联动，才可能达到规范高效的目的，如何将产业链相关各方有机联合起来，形成协同效应，一直是湖南省思考的重点。试点工作启动以来，省工信厅积极引导有关重点企业牵头发起组建湖南省新能源汽车动力蓄电池回收利用产业联盟，经过多轮协调，2019 年 7 月 30 日，由长沙矿冶院、湖南铁塔和中车时代电动三家试点单位共同发起成立的"湖南省新能源汽车动力蓄电池回收利用产业联盟"在长沙正式成立。联盟成员单位共 49 家，其中 45 家试点单位全部加入联盟。联盟成立后，一是协助省工信厅等七部门检查督促各试点单位按试点方案推进试点任务；二是协助核查产业链中各企业溯源履责的执行情况，督导整改，加强日常溯源管理；三是组织联盟成员单位开展协同创新，帮助各成员单位解决疑点、难点问题；四是通过主办《联盟月报》和线上线下宣传培训等措施，促进信息共享，提高联盟成员单位的履责能力。

建立七部门工作联动机制，共同做好溯源管理工作

为确保全省动力电池回收利用试点方案有效实施，湖南省工信厅联合省科技、生环、交通运输、商务厅、市场监管、能源等七部门形成了工作联动机制，各厅（局）均明确责任处（室）和责任人，七部门共同编制试点方案，共同制订进一步做好溯源管理工作措施。商务厅积极组织省内汽车拆解企业参与试点，并以湖南省汽车拆解行业协会为牵头单位，对全省 55 家汽车拆解企业承担的试点工作进行统筹协调，使其溯源注册率达到 90%。2019 年新的报废机动车管理办法实施后，针对新能源汽车报废后，如何规范回收其搭载的动力电池，省汽车拆解协会与省动力电池回收利用产业联盟协同开展实施细则研究，推动参照传统燃油汽车五大总成的报废管理办法来管理报废汽车的动力电池。湖南省科技厅将动力电池回收利用关键技术研发和创新平台建设列入科技计划申报指南，与省工信厅的系统集成攻关项目招标形成了"研发—产业示范"的高效创新链。湖南省发改委能源局积极研究制订促进储能产业发展措施，为退役动力电池梯次利用创造了良好的政策环境。

2. 湖南省动力电池回收利用产业链正在蓬勃规范发展

产业链溯源管理规范有序

2019 年 12 月，湖南省工信厅发布了《关于进一步做好新能源汽车动力蓄电池回收利用溯源管理工作的通知》，一是全面开展企业溯源管理核查与履责督导，要求未履行溯源规定的企业，在规定时间内完成整改；二是加强企业履责引导与监管，建立核查情况报告机制，建立溯源管理按季度报告制度，要求各市州工信部门会同科技环保等 7 部门形成合力，对未按要求履行溯源管理责任的企业将进行函询、约谈；三是切实提高企业履责能力，进一步加大新能源汽车动力电池回收利用溯源管理政策的宣贯培训力度，发挥行业联盟作用，指导企业及时、准确、规范上传溯源信息，切实提高企业履责能力。截至 2021 年 12 月，全省应注册的国内新能源车企共 13 家，已全部完成注册，应注册的报废机动车回收拆解企业共 55 家，已注册 51 家，完成率 92.7%。全省已有 12 家新能源车企实现了在国家平台溯源信息上传，共上传新能源汽车 180315 辆，完成率达到 97.2%。全省累计回收拆解报废新能源汽车 334 辆，回收车上报废电池质量 147.4t；梯次利用企业累计回收处理退役动力电池 670.0t，再生利用企业累计回收处理退役动力电池 24430.7t。目前，湖南已有 6 家企业进入《新能源汽车废旧动力蓄电池综合利用行业规范条件》企业名单，居全国前列。

初步建成基于互联网的行业共享的回收网络

动力电池进入消费渠道后，高度流动，高度分散，且有一定的安全环保隐患，如何将其低成本地安全收集起来，是动力电池回收利用产业链的"卡脖子"难题。试点单位长沙矿冶院通过分析产业特征，借鉴欧盟成功经验，提出了以基于互联网的第三方回收平台为核心枢纽的行业共建共享回收网络体系商业模式。第三方平台通过大体量的规模化专业运营，可大幅度降低回收网络建设投资与运营成本。对于整车和电池企业而言，可以低成本地规范化履行回收责任；对于下游梯次和再生利用企业而言，可获得质和量都相对稳定的退役动力电池，以保障产品质量并降低运营成本；对于国家而言，行业共享的大体量平台将在安全环保措施上更加规范，也更加便于监管，大大降低安全环保风险。第三方回收平台由共建共享的回收网点与区域中转中心、追溯系统、残值评估系统和物流组织系统组成。加盟企业可以将电池物权转移给第三方平台，也可以不转移物权，第三方平台只提供收集、检测评价分级、物流优化服务。2020 年 3 月，长沙矿冶院第三方共享回收平台一期工程"锂汇通"正式上线运营，平台提供退役电池回收全产业链综合解决方案，包括退役电池回收及信息溯源、撮合交易、检测评估、仓储代管、物流组织，以及行业分析、技术咨询、金融赋能等服务。两年来，已服务客户近 2972 家，其中企业客户 681 余家，通过平台确认成交交易额已达 14870 万元。

目前，全省已建并注册的回收服务网点 590 个，其中收集型网点 588 个，集中贮存型网点 2 个。同时，在建的具有高水平检测评价分级与电池包拆解功能的区域中转中心 2 个。

湖南省在全国率先倡议的"互联网＋回收"行业共建共享回收网体系模式已获得高度关注，在 2021 年 12 月 3 日工业和信息化部"十四五"规划专题新闻发布会上，节能与综合利用司明确提出，"十四五"期间，要进一步完善回收网络，强化溯源管理；探索推广"互联网＋回收"等新型商业模式，鼓励产业链上下游企业共建共用回收渠道，建设一批集中型回收服务网点。

积极开展产学研联合攻关，突破一批关键核心技术

湖南省依托创新资源丰富的优势，积极组织试点单位开展产学研联合攻关，取得了一批创新成果。近 3 年（2019—2021 年），各试点单位共申请专利 331 项，其中发明专利 253 项，实用新型专利 78 项，目前已获得授权发明专利 60 项，实用新型专利 78 项；获软件著作权 10 项；主持制订地方标准 3 项、团体标准 1 项、企业标准 4 项，参与制订国家标准 9 项、行业标准 4 项。具有自主知识产权并已产业转化的主要关键核心技术有："带电破碎、电解液低温挥发、湿法剥离铜铝高效回收""退役报废动力电池残值评估""兼容多品类退役电池的梯次储能产品重组技术与电池管理系统""选择性浸锂处理废旧磷酸铁锂电池""镍钴锰短程不分离技术""磷酸铁锂废料直接修复再生制备磷酸铁锂正极材料技术""分级萃取技术""再生利用工业废水中硫酸钠资源化利用技术"。

已形成规模产业链，行业显示度持续增强

湖南省通过组织实施试点方案及系统集成解决方案专项，支持公交企业与梯次储能企业共建梯次利用项目，初步形成"产研用"梯次利用商业合作模式；支持高校科研院所与再生利用企业开展"产学研"合作，协同攻克磷酸铁锂低残值电池高值化利用难关并产业化盈利。在此基础上，推动建设了一批重点示范项目。目前，全省规模以上再生利用企业 11 家，现有产能总计 19.16 万 t/ 年，未来 3 年规划产能 86 万 t/ 年；全省开展梯次利用业务的企业有 8 家，目前已形成产品研发和兆瓦时级储能产品制造能力的有 3 家；2021年全产业链实现产值 152.67 亿元，综合利用产业逐步做大做强，行业显示度持续增强。

3. 湖南省动力电池回收利用下一步工作计划

加强顶层设计，融入湖南省新能源材料闭环产业集

新能源材料是湖南省重点发展的优势产业，湖南省正着力打造具有国际影响力的新能源材料产业集群，并将动力电池回收利用作为产业集群闭环接口，这将极大地推进动力电池回收利用产业高质量快速发展，进而为新能源材料产业提供原料保障，并有效助力整个产业集群实现双碳目标。

加速形成线上线下相结合的共建共享回收网络体系

以建成并运营的第三方回收平台为基础，纵深推进线上线下相结合的共建共享回收网络体系，以布局具备废旧动力电池回收、转运、存储、检测（内含电池包拆解）、评价等多元化功能的"区域中转中心"为突破口，串联汇聚形成收集型网点，打通线下共享回收网络，推动形成覆盖全省各地级行政区域，并辐射全国重点区域的线上线下相结合的共建共享回收网络体系。

通过专项项目和政策引领，持续突破一批关键核心技术，形成全产业链深度融合的商业模式

继续在工信、科技、环保等省级财政设立专项，加强对省内企业争取国家级专项的引导力度，支持产业链关键环节中的核心技术创新，并实现产业化，使产业链的技术装备达到国际先进水平，部分特色技术居国际领先水平。

在支持政策上，强化"系统集成整体解决方案"，创新产业链上下游深度融合的商业模式。

进一步加强部门联动，促进政策标准体系完善

加强工信、生环、科技等部门与市场监管部门的联动，一是强化落实相关国家、行业标准，二是基于湖南省的技术与产业优势，研究制订特色地方标准、团体标准，多层次持续完善动力电池回收利用产业链标准体系。加强工信、交通运输、商务等部门的联动，探索符合区域特色的新能源汽车报废管理办法实施细则，进而推动国家新能源汽车报废管理办法实施细则的不断完善。加强工信、能源、科技等部门的联动，研究制订储能产业发展政策，促进梯次储能技术与商业模式创新。

发展技术领先、规模辐射全国的动力电池回收利用产业链

深入总结 2019 年以来的试点经验，加速形成布局合理、结构优化的"回收—梯次利用—有价组分再生利用—残余物清洁安全处置"产业链。到 2025 年，全省废旧动力电池有价组分再生利用产能规模达到 50 万 t/ 年，其中磷酸铁锂等低残值品类再生利用规模不低于 15 万 t/ 年，梯次利用产能规模达到 3~4GW·h，有价组分再生循环成为动力电池原料，产值达 80 亿元，梯次利用产值达 15 亿元，全产业链产值突破 100 亿元。

6.1.2　河北省新能源汽车动力电池回收利用发展模式

2015 年《关于加快推进生态文明建设的实施意见》（以下简称《意见》）中强调了动力电池回收利用产业京津冀地区协同发展。《意见》中要求按照回收在京津、利用在河北的思路，优化再生资源回收利用产业布局，统筹京津冀再生资源回收利用基地建设，促进分散的再生资源回收、利用。

为促进行业的发展，河北省相继发布了多项政策法规。2018 年 12 月 18 日，京津冀三地联合对外发布《京津冀地区新能源汽车动力蓄电池回收利用试点实施方案》。2022 年，《河北省"十四五"工业绿色发展规划》发布，并强调要推动再生资源规模化、规范化、清洁化利用，高水平建设现代化"城市矿产"基地。实施废旧动力电池等再生资源回收利用行业规范管理，促进资源向优势企业集聚。此外，2021 年《建立健全绿色低碳循环发展经济体系的实施意见》（以下简称《实施意见》）中强调，要以汽车产品为重点落实生产者责任延伸制度，鼓励再生资源回收龙头企业建立信息平台，推行"互联网＋回收"模式，推广智能回收终端，培育新型商业模式。《实施意见》还指出，要依托国家"城市矿产"基地、资源循环利用基地，推动再生资源产业聚集发展，加强再生资源的回收利用。

此外，河北省还发布了多项行动计划及制度来规范全省新能源汽车产业的发展，例如《河北省汽车产业链集群化发展三年行动计划（2020—2022年）》《河北省加快新能源汽车产业发展和推广应用若干措施》等制度，对于规范和促进河北省新能源汽车产业链的高值化发展具有重要意义。

1. 河北省新能源汽车产业发展情况

借助紧邻京津的优势，自2015—2021年，河北省新能源汽车的销量逐年递增，从2015年累计销量不足3万辆，发展至2021年年底累计销量近30万辆，接近10倍的增长，截至2022年3月，河北省累计新能源汽车产量增长至34.5万辆，占京津冀地区累计产量的31%，占全国新能源汽车累计产量的3.5%。与此同时，动力电池配套量也从2015年的0.26GW·h增长至5.44GW·h，占京津冀地区总配套量的27.4%，占全国配套动力电池总量的2.7%。此外，从市场渗透率的发展情况角度看，河北省新能源汽车行业的发展情况良好，2015年渗透率仅为1.26%，至2021年渗透率达7.3%，7年间有了极大的发展。但是，对比全国新能源汽车的发展情况，截至2021年，新能源汽车渗透率为12%，河北省仍有很大的发展空间。

2. 河北省动力电池回收利用产业发展概况

河北省动力电池回收体系建设情况

河北省动力电池回收服务网点正在逐步建设，目前全省共有524家回收服务网点。根据数据统计，收集型网点179家，集中贮存型网点3家。其中石家庄回收服务网点数量最多，共94家，约占河北省网点的18%。其次为保定市，回收服务网点共计71家，占比14%。石家庄和保定的回收服务网点数量已占到河北省全部网点数量的近1/3，分布最为广泛。唐山、沧州、邯郸和邢台市的网点数量较为接近，分别占比10%左右。承德市的网点数量仅为15家，数量较少，这与河北省新能源汽车保有量的地级市分布情况基本一致。

河北省动力电池梯次利用产业发展情况

2022年，河北省有3家企业申报了《新能源汽车废旧动力蓄电池综合利用行业规范条件》，其中 1 家再生利用企业，2 家梯次利用企业。梯次利用企业分别是北汽鹏龙新能源汽车服务股份有限公司和风帆有限责任公司动力电源分公司。

北汽鹏龙新能源汽车服务股份有限公司（以下简称北汽鹏龙）成立于 2018 年 12 月 26 日，是北汽鹏龙汽车服务商贸股份有限公司（以下简称北汽鹏龙汽车服务）的二级子公司。其母公司是北京汽车集团有限公司的全资子公司，作为北汽集团旗下的汽车服务贸易业务发展平台，北汽鹏龙汽车服务目前已形成了汽车经销、配件、物流、循环经济、集采、广告传媒、平行进口及改装、文旅出行等八大业务板块，是中国领先的汽车产业链集中服务提供商。北汽鹏龙是为实现北京汽车集团化战略、延伸汽车产业链而组建的汽车服务贸易公司，是北汽集团汽车服务贸易业务的投资和管理平台，北汽重要的业务板块之一。北汽鹏龙在河北省黄骅市投资动力电池梯次利用项目。针对其回收策略，北汽新能源依照工业和信息化部提出的生产者延伸责任制要求，建立退役动力电池回收的渠道，于京津冀重点地区建立回收网点，用于暂存主机厂及 4S 店退役的动力电池。此项目借力行业联盟、整车厂资源及京津冀范围内的动力电池厂，搭载第三方市场渠道，开发回收的合作伙伴，并建立触网回收 e 站，拓展消费者领域的废旧动力电池回收，使得回收的范围从汽车企业、电池厂拓展到所有使用动力电池的角色。针对回收网点的建设，本项目申请通过黄骅市工信局、沧州市工信局、河北省工信厅等相关领导的批准及推荐，在京津冀建立动力电池回收试点，同时，根据对国内各城市新能源汽车分布以及第一批新能源汽车推广城市的分析，2021 年已完成天津、南京、北京授权回收点接洽挂牌，布局电池回收网点。北汽鹏龙的这个项目作为京津冀地区梯次利用的试点项目，各个环节严格遵循相关的制度和标准，对于河北省开展梯次利用和电池回收项目具有很好的借鉴作用。目前，北汽鹏龙的综合利用产能达 0.1GW·h/ 万 t。

风帆有限责任公司动力电源分公司（以下简称风帆）成立于 2019 年 1 月 16 日，其经营范围主要包括锂离子电池机器材料的研究、制造，并提供锂离子电池及材料的技术服务；废旧电池及材料回收、销售；通信电源、不间断电源等设备产品的生产、销售和服务。风帆作为河北省唯一有落地梯次利用项目的梯次利用企业，对于推动河北省梯次利用产业的发展具有重要意义。风帆在河北省保定市投资动力电池梯次利用项目，总投资为 287 万元，全项目占地面积为 3160 ㎡，包括回收电池分类、拆箱、测试、物料、包装等区域，开展动力电池的梯次利用工作。建成后将新增 1 亿 W·h 的锂离子电池模组的年生产能力，综合利用产能可达 0.1GW·h/ 万 t。对于回收处理方面，风帆充分利用母公司风帆有限责任公司的市场优势，与主机厂建立广泛的动力电池回收合作渠道，推动动力电池的回收试验工作。在行业渠道管理方面，风帆作为首家推行经销商特约经销制度的企业，现有 22 家销售服务分公司遍布全国，一级经销商 600 多家，上万家二、三级经销商，打造出国内行业中立体覆盖面最广、最具有竞争力的市场网络。

河北省动力电池再生利用产业发展情况

河北省目前只有河北中化锂电科技有限公司（以下简称中化锂电）一家企业进入符合《新能源汽车废旧动力蓄电池综合利用行业规范条件》企业名单，河北顺境环保科技有限公司作为再利用企业，2022 年也申报了《新能源汽车废旧动力蓄电池综合利用行业规范条件》。

中化锂电成立于 2019 年 7 月 24 日，是中化集团下属上市公司中化国际控股的企业，是中化集团实施锂电回收业务的平台，负责锂电回收工艺包括的开发、全球锂电回收产业布局。2019 年获批京津冀试点示范项目，并被生态环境部列入第一批"无废城市"先进使用技术名单。中化锂电是中化集团锂电回收业务平台，年处理 3000t 退役动力锂电池，该回收示范生产线项目采用中科院机械活化技术结合自动化机械拆解，完整的退役动力锂电池包为原料，分级精准拆剥、分类利用、绿色环保，产品品质达到电池级。本项目建设 3000t/ 年的退役动力电池包回收生产线，计划总投资 1.5 亿元人民币。该项目主要建设内容为：购置电池包拆解设备、方壳单体电池的切割设备、剥离设备、剥离液蒸发设备、离心分离设备、沥水设备、尾气处理设备、废水处理设备等。截至 2020 年年底，500t/ 年的退役动力电池包回收生产线工程建设已完成，主要设备切割拆解设备、剥离设备、烘干设备已安装并验收，目前运行正常。该项目技术创新点主要有两点。首先，中化锂电采用电池正负极非强酸碱精准剥离技术，整片精准分离铝箔与正极材料，正极材料回收率达到 99%。其次，本项目采用废旧锂离子动力电池正极和负极材料的回收方法，属于环境保护与资源综合利用领域的固体废弃物处理新技术，适用于锂离子动力电池不同组件的分类分离与电解液的清洁回收，具有工艺流程简单、成本低、操作便利等优势。对于资源回收处理，中化锂电目前采用绿色剥离法，可回收得到比较纯净的正极材料，可外售给正极材料前驱体企业直接使用。废线束、废塑料、废铜箔、废铝箔等直接回收外售。根据数据显示，使用该技术，产品中镍钴锰的回收率大于98%，锂回收率大于85%。

目前，河北省再生利用企业的发展仍处于初期，还有很大的空间发展。中化锂电作为河北省再生利用企业的"排头兵"，为规范河北省再生利用行业发展，树立京津冀地区再生利用的典范提供了范例。

3. 河北省动力电池回收利用下一步重点工作

建立健全标准体系

为了使动力电池回收产业在河北省有序发展，企业规范运行，建立回收利用相关产品层面的标准体系，出台针对储能用锂电池、低速车用锂电池等安全技术规范方向的地方强制标准，促进梯次利用市场的规范发展。

提升企业溯源履责水平

加强对企业的监管力度，对溯源履责不力的企业开展督导工作，强化企业溯源履责意识。特别是结合地方月度报表，针对后端报废汽车回收拆解企业以及综合利用企业考虑开展相关督导工作。在加强溯源管理的同时，研究建立综合利用企业动态监测机制，要求企业定期上传整车报废、电池回收等相关信息，进一步强化对企业履责能力的监测力度。

优化回收服务网络

建立动力电池共建共享回收体系。针对回收服务网点建设成本投入大、利用率低、规范性难保障等问题，通过共建共享模式完成低成本、高成效的回收服务网点建设。

培育示范标杆企业

加快培育一批拥有自主知识产权的规模企业，加大对中小企业的扶持力度，重点培育一批小巨人企业、单项冠军、高新技术企业。鼓励各市县充分利用科技、人才、专项基金等要素资源向重点综合利用企业倾斜，推动优势企业做强壮大，形成一批回收覆盖面广、回收效率高的骨干回收企业，以及一批加工能力强、产品技术先进、回收率高、处置能力强的梯次和再生利用标杆企业。

加大对动力电池回收利用关键技术的研发力度

针对产业链上下游数据交流不畅、电池残值评估技术可靠性及低值材料回收利用水平有待提升等问题,组织行业重点就废旧动力电池残值评估、通信协议和历史运行数据专项、主动溯源、溯源数据标识化应用、磷酸铁残渣无害化处置、电解液及隔膜等低值材料回收利用等问题开展专项研究,打通回收利用数据链条,加强大数据、物联网等新一代信息技术的发展支撑作用。

6.2 汽车生产企业案例分析

6.2.1 郑州宇通集团有限公司

1. 企业简介

为落实生产者责任延伸制度,承担动力电池回收的主体责任,郑州宇通集团有限公司(以下简称宇通集团)于 2018 年投资成立子公司——河南利威新能源科技有限公司(以下简称利威),由其负责退役动力电池的回收与综合利用。目前利威是宇通集团锂电池产业链核心企业,主营业务涉及动力电池回收、房车备用电源、通信备用电源、低速车动力电源、户外移动电源、储能系统等多个领域,是行业领先的锂电循环方案提供商。

利威已通过国家高新企业认证、ISO 9001 质量管理体系认证,并荣获动力蓄电池生产者责任延伸履责评价 4A 等级荣誉,目前是河南省唯一一家入选工业和信息化部公布的符合《新能源汽车废旧动力蓄电池梯次利用行业规范条件》企业名单。

2. 发展模式

利威以"电池回收、梯次利用、小型储能备电"为战略方向,为客户提供包含"动力电池增容换电 + 回收拆解 + 梯次利用"的锂电池循环利用方案。利威与中国动力电池回收、报废汽车回收、汽车零部件循环再造与动力电池原材料的领军企业"格林美股份有限公司",以及新能源汽车退役锂电池循环龙头企业"江苏华友能源科技有限公司",深度合作开展电池回收以及梯次利用合作。发展至今,利威已具备以下优势。

回收渠道优势。借助客户关系管理（CRM）系统，获取宇通集团新能源车辆相关信息，建立利威退役电池回收跟踪平台，主动并准确识别潜在回收资源；同时借助宇通集团客户资源、销售和售后渠道，易获取退役电池。

信息数据优势。借助宇通集团车联网系统后台监控数据，可在线获取电池底层信息，并通过优化在线检测算法，实现快速、准确地评估退役电池剩余寿命和残值，降低后续电池梯次利用时的检测成本。

电池包集成优势。借助宇通集团强大的新能源技术，利威已具有一定电池包集成能力。

研发资源优势。依托宇通集团资源优势，始终坚持科技创新。核心团队拥有多年产品研发经验，掌握行业领先的电池标准化设计、电池运行控制、电池系统管理、单体电池及成品检测、试验等业内领先技术，在新能源汽车退役动力电池综合利用的产业中发挥重要的作用。

3. 核心技术

快速余能检测评估与电池包拆解分选技术。梯次电池在可利用率、剩余容量、循环次数、产品规格、退役时间、退役批次等方面差异很大。建立动力电池全生命周期检测系统、无损预测电池寿命，是梯次利用的关键所在。利威与锂斯德、清研合作，共同开发快筛系统。当前单体测试容量差异率优于行业标准。

与应用场景、环境要求相适应的 BMS 技术。目前，由于各电池企业在接口及通信协议上的不统一，导致无法获取退役动力电池之前的运营参数，在梯次利用前需要重新设计 BMS。利威已经在梯次利用 BMS 的主动均衡及被动均衡技术方面进行探索，并已在 12.8V/25.6V/51.2V 房车备用电源产品、大型集装箱储能等领域，进行了产业化应用。

梯次利用电池的溯源管理技术。利威已搭建了溯源管理平台，以电池编码为信息载体，其溯源编码信息主要包含厂商代码、产品类型、电池类型、规格代码、追溯信息代码、生产日期代码、产品序列号，利威所有回收电池均录入利威溯源管理体系。目前可实现动力电池来源可查、去向可追、节点可控、责任可究。

4. 发展成效

回收方面成果，2021 年利威依托宇通集团回收废旧动力电池超 2000t。建立 14 大回收基地，覆盖长三角、珠三角、中部地区与产业链上下游战略合作，主要回收电池类型为新能源商用车退役动力电池（公交客车为主）。

梯次产品成果，利威主要产品方向为低压动力类和储能类产品，主要应用方向覆盖储能系统、通信备用电源、三轮车电源、环卫车电源等。

1）通信备电：产品电压平台为 51.2V，容量为 100A·h/150A·h/200A·h，主要应用于铁塔通信备电（图 6-1）。2018 年国家七部委联合下发通知要求中国铁塔原则上不再采用铅酸电池，用梯次锂电替代，通信备电是最具潜力的梯次锂电应用市场之一。利威已进入铁塔供应商体系，未来依托新能源客车及其他领域大量的退役电池资源，能形成持续稳定供货，并具有成本优势，可较好地满足铁塔需求。

2）低压动力：目前利威已开发并销售包括叉车、平板物流车和低速环卫等梯次低压动力电源产品，适用 48V、60V、72V 电压平台，当前客户反馈使用效果良好（图 6-2）。

图 6-1　利威新能源通信备用电源　　图 6-2　利威新能源低速动力电源

3）家庭储能电源：目前该项目主要市场为非洲或者东南亚地区，利威已形成批量订单。非洲、东南亚地区电网不发达，离网备电需求旺盛，利威家庭储能电源前景广阔，主要为 25.6V（80A·h）、28.8V（50A·h）、51.2V（80A·h）等系列产品（图 6-3、图 6-4）。

图 6-3　利威新能源家庭储能电源（分体机）　　图 6-4　利威新能源家庭储能电源（一体机）

4）房车备用电源：房车备用电源为利威战略产品，产品电压平台可覆盖 12.8~51.2V，电量可覆盖 5.2~21kW·h，适配 B 型、C 型、拖挂各种类主流品牌房车。房车备用电源产品使用车规级磷酸铁锂电芯，循环寿命 ≥ 2000 次（8~10 年）（图 6-5）。

图 6-5　利威新能源房车备用电源

5）户外移动电源：产品面向户外聚餐、家庭应急、户外工作办公、航拍摄影、户外作业、夜市摆摊等户外用电场景。产品采用车规级磷酸铁锂电芯，循环寿命 ≥ 2000 次，且剩余容量 ≥ 80%；额定功率 1800W，峰值功率 2000W，可同时使用 2~3 个大功率用电器；可满足市电、车充、太阳能充、发电机充电四种充电方式（图 6-6）。

图 6-6　利威新能源户外移动电源

6）储能系统：利威结合宇通集团电芯渠道优势和 BMS 设计能力，自主集成集装箱式储能系统，系统集成效率高，电池匹配合理，高安全，易维护，热管理性能高效，与外部合作开发大数据平台，可实现远程监控系统充放电数据，设备状态实时监控和分析，可直接生产报表，监控系统运行。产品额定功率 500kW，输入电压 DC 600~900V，输出电压 AC 400V，满足削峰填谷、应急备电等使用需求（图 6-7）。

图 6-7 利威新能源储能系统

5. 发展规划

利威已展开高效率的研发与产业链合作，充分发挥在动力电池回收、梯次利用的技术优势、安全优势、回收渠道优势、成本优势和产业链优势，为社会、客户提供经济性高、安全性好的锂电产品解决方案。展望未来，利威将持续打通锂电池综合利用产业链，加快低速车动力、储能备电等梯次应用产业培育，并持续承担宇通集团退役动力电池回收的社会责任，助力实现全球碳中和。

6.2.2 蔚来控股有限公司

1. 企业简介

蔚来控股有限公司（以下简称蔚来）是一家全球化的智能电动汽车公司，于 2014 年 11 月成立。蔚来致力于通过提供高性能的智能电动汽车与极致用户体验，为用户创造愉悦的生活方式。从成立之初，蔚来就推出了车电分离和换电模式。然而，车电分离模式的实现需要具备四个条件：可换电的车辆设计、换电运营服务体系、政策支持车电产权分离以及独立的电池资产公司。关于后两个条件，要求先有政策支持车电产权分离，电池发票可以单独开具，电池资产公司才得以成立。

2020 年 6 月，工业和信息化部第 333 批产品公告第一次出现换电型纯电动车辆的新产品名称；2020 年 8 月，蔚来、宁德时代、湖北科投、国泰君安国际共同投资成立武汉蔚能电池资产有限公司（以下简称蔚能），这是全球首个 BaaS（Battery as a Service）技术及商业模式创新公司。蔚能基于车电分离模式进行电池资产管理，购置电池包并委托蔚来为用户供应电池租用运营服务。蔚能的成立，标志着蔚来提倡的车电分离模式实现了真正意义上的落地。

经过一年多时间的发展，BaaS 已经被越来越多的用户所接受，蔚能的业务进入高速增长阶段。截至 2022 年 5 月，蔚能在管理和运营的电池资产规模已超过 6GW·h（比成立之初增长约 150 倍），累计完成碳减排超 62000t。基于电池技术、数据智能以及资产管理能力在内的电池资产集约化管理能力体系，蔚能推出了涵盖电池资产管理、电池数据智能管理、资源循环的 BaaS 解决方案，可实现 100% 可溯源、100% 可流通、100% 可循环的电池资产深度管理。

2. 发展成效

新能源汽车市场的迅猛发展，带动了电池全周期云端管理和回收利用等产业的快速增长。如何充分挖掘电池服役期间的使用价值，以及退役后的残余价值和资源价值，高效、环保地实现电池梯次利用和再生利用，是一个有着巨大经济和社会价值的重要课题。

受设计、工艺、里程、环境、工况等多种因素影响，电池在服役期间可能会发生安全性和非安全性失效。为实现电池资产的信息管理、安全管理和状态评估，有必要对电池全周期使用阶段进行有效的云端管理，明确电芯状态，充分避免电池失效问题的发生，从而更好地发挥电池的价值。基于电池技术与数据智能两大底层能力的融合，蔚能打造了包括电池数据治理、状态管理、安全预警、故障诊断、性能评估等功能在内的锂解·电池云端管理系统。基于电池集约化管理的优势，锂解·电池云端管理系统能够帮助蔚能实现体系内电池应力均衡，最大限度地挖掘电池车载服役阶段的使用价值。同时，蔚能还将电池云端管理延伸至退役后的梯次利用和再生利用阶段，帮助合作伙伴实现多业务场景下的电池全周期闭环管理。此外，凭借着电池规格统一、状态可控且一致性好等优势，蔚能正在积极开发材料级自动化拆解、短流程湿法回收、正极材料再生等技术，打造更加环保、低碳的高效回收体系（Mirattery Accurate Recycle System，MARS）。

锂解·电池云端管理系统

基于对电池机理的研究，锂解·电池云端管理系统充分运用大数据及人工智能算法，解决电池的安全和寿命折损问题，掌握电池的全周期状态（图6-8）。秉承海恩法则路线，基于专家系统判定及大数据分析，锂解·电池云端管理系统能够全面识别电池设计缺陷、质量缺陷和使用过程中产生的问题，持续开展产品优化和改进。基于这一理念，锂解·电池云端管理系统将电池机理、大数据及人工智能算法有机融合，一方面形成精准的电池系统预警算法，另一方面通过对失效电池进行分析及反馈，不断提升电池管理水平，以满足用户对电池全周期管理的需求。锂解·电池云端管理系统平台架构主要包括物联网层、大数据层以及应用层。

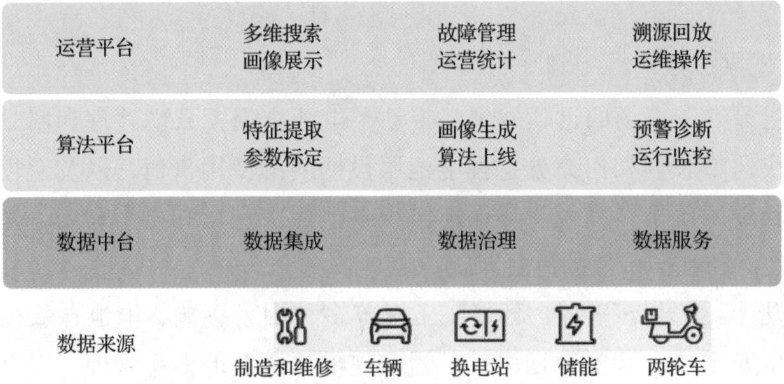

运营平台	多维搜索 画像展示	故障管理 运营统计	溯源回放 运维操作
算法平台	特征提取 参数标定	画像生成 算法上线	预警诊断 运行监控
数据中台	数据集成	数据治理	数据服务

数据来源	制造和维修	车辆	换电站	储能	两轮车

图6-8 锂解·电池云端管理系统平台架构

1）物联网层，即数据中台：秒级汇入各场景及终端的运行数据，运用智能化数据治理手段，实现数据集成、数据治理及数据服务等功能。

2）大数据层，即算法平台：基于数据中台，通过人工智能及机器学习算法，实现特征提取、画像生成、预警诊断、参数标定、算法上线、运行监控等功能。

3）应用层，即运营平台：完整的应用层，可实现多维搜索、故障管理、溯源回放、画像展示、运营统计、运维操作等功能。

通过将电池机理、失效分析、数据智能三大能力融合创新，锂解·电池云端管理系统实现了算法和质量双闭环，并根据业务不断迭代，在实际应用中积累了大量的数据、算法模型及电池技术，开发出了包含电池管理、告警管理、电池状态评估等在内的多个功能模块。目前，锂解·电池云端管理系统已实现了对乘用车、商用车、客用车、重型货车、两轮车及储能等业务场景的覆盖，接入终端数量已超过 30 万个。

蔚能高效回收体系（MARS）

MARS 主要包括蔚能梯次利用综合解决方案和蔚能再生利用体系两大组成部分。

蔚能梯次利用综合解决方案旨在充分利用电池技术、数据智能及电池车端运营体系充分结合的优势，挖掘动力电池梯次利用多样化场景下的解决方案。当动力电池 SOH 无法满足车端用户需求时，可将这类电池重组后进行梯次利用，应用于基站、电网储能和低速电动等场景。基于电池的集约化管理，蔚能拥有规格统一、状态可控、一致性好的电池。凭借锂解·电池云端管理系统，蔚能可完成对从车载服役—梯次利用—再生利用在内的电池全周期运行状态监测和评估，依靠大数据技术实现电池全周期内的价值最大化和降本增效。

1）快速分选和无损重组：基于电池电化学动力参数和可重构电池网络技术的健康状态、安全阈值和残值评估，可实现海量退役电池的低成本快速分选和无损重组。

2）智能拆解和重组：基于退役电池的规格、正极材料组分的一致性，可实现自动化、智能化的拆解和重组，大大提高了梯次产品的生产效率。

3）高可靠性：基于退役电池状态的高一致性，以及锂解·电池云端管理系统对电芯历史运行数据的穿透式管理，有效保证电芯状态的可溯源性和安全性，提升梯次产品的可靠性。

基于对电池的集约化管理和锂解·电池云端管理体系，蔚能打造了更高效的退役电池再生利用体系。退役电池一致性好这一优势，为电芯自动化精细拆解、正负极片无损分离等技术的实现提供了可能，并将有效避免铜铁铝杂质的混入，降低湿法段处理难度，大幅降低废渣产生量。同时，精细拆解产线还将实现对电解液、隔膜、结构件（铝壳、顶盖等）的分类回收，提高回收效率，减少环境污染。针对分离后的正负极，蔚能开创性地提出了三元正极材料直接修复再生技术。随着材料级自动化拆解、正极材料再生、短流程湿法回收等技术的开发，蔚能将逐步打造在成本、效率、环保等方面更具优势的再生利用体系（图 6-9）。

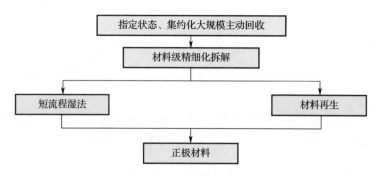

图 6-9　蔚能再生利用体系

4）低成本：通过开发全新的短流程湿法回收技术，相较传统工艺流程将实现降本增效。

5）高效率：基于集约化、状态可控的电池回收，将实现电池的材料级自动化拆解和五大主材全量回收；通过正极材料从正极片上无损分离，将实现正极材料的直接再生。

6）低碳排放：正极材料经过退役电芯→精细化拆解→正极材料直接修复再生，将极大地缩减重金属资源化回收的工艺流程，减少碳排放。

7）低污染：通过物理法实现正极材料的直接再生，工艺流程中将不涉及强酸、强碱、有机溶剂等化学物质，对环境更加友好。

3. 发展规划

目前，基于电池集约化管理和电池云端管理体系，蔚能已完成了贯穿车载端到梯次利用端的技术开发及产业化探索，在电池退役后各阶段的高效利用以及车载—梯次的状态转换领域探索出了一条切实可行的道路。蔚能已完成的技术开发工作如下：

1）电池云端多维度状态分析及健康度精准评估技术。

2）针对多场景的电池残值评估体系。

3）云端智能电池梯次产品成组技术。

4）全周期穿透式电池云端管理系统。

未来，蔚能将继续开发电池从梯次利用——再生利用阶段的工艺技术，力争在材料级自动化拆解、短流程湿法回收、材料直接再生技术等方面实现突破，完善基于电池全周期管理的 MARS，并致力于技术的产业化应用，为动力电池回收利用产业贡献来自蔚能的 MARS 服务综合解决方案。

6.3 回收利用企业案例分析

6.3.1 杭州安影科技有限公司

1. 企业简介

杭州安影科技有限公司（以下简称安影科技）成立于 2012 年 5 月，以"发展更安全可靠的新能源技术，为更清洁美好的新世界赋能"为使命，经过 10 年发展，已成梯次利用储能应用细分领域的行业龙头，2021 年成功入围工业和信息化部正式公告《新能源汽车废旧动力蓄电池综合利用行业规范条件》（第三批）名单。安影科技的产品技术主要依靠公司团队，同时与浙江大学、浙江工业大学合作开展梯次利用技术研究，保证公司产品技术的领先性。安影科技在智能算法、电池主动均衡、芯片开发等方面拥有丰富的市场和实践经验，自主研发的基于双向主动均衡芯片和一致性算法的电池主动均衡管理系统，已达到国内领先和国际先进水平，是国内首屈一指的动力电池梯次利用储能应用领军企业，在行业内有着重要的示范和引导作用。

安影科技占地面积近 4000m²，已建成梯次利用示范中心，对上万箱退役动力电池进行运维和梯次利用。投入智能立库、自动导引车（AGV）动力电池包拆解线、自动化摩擦辊式装配线、电池性能测试用充放电设备、恒温恒湿试验箱、红外热像仪、耐压绝缘测试仪、绝缘电阻测量仪等原值超 1900 万元的研发、生产、试制、检测设备。

截至目前，安影科技已完成 10 个梯次利用产品，总容量达到 19.7MW·h，2021 年完成代表性项目——浙江国网金华变 3MW/10MW·h 梯次储能建设。同时，在全国范围内积极拓展梯次利用合作，一方面与江西景德镇、山东济南，湖南长沙等多个地区开展梯次工厂建设调研工作，另一方面与国内多家大型专业电池厂商、电动汽车生产厂家、微网光伏企业形成了战略合作关系，例如国家电网、南都电源、天能股份、吉利、比亚迪等，且成为松下唯一原始设计商（ODM）供应商，累计装机量位居全国前列，客户遍及全球十余个国家和地区。

2. 创新技术

自成立以来，安影科技便已技术领航，目前已经掌握了电池全生命周期管理成套技术，突破了电池状态估计、单体电池并发主动均衡等关键技术，开发了相应的技术平台和量产产品，其技术及发展模式具有以下创新点：

内部集成双向 DC/DC 变换器和自检电路。芯片采用了创新设计，内部集成双向 DC/DC 变换器和自检电路，解决了传统均衡电路自检复杂、保护困难的难题。芯片具有均衡方向、均衡电流大小、电池过/欠电压、芯片过/欠电压、电池温度过/欠电压、芯片过温等完善的保护功能，使芯片在安全状态下运行，并使得出现异常情况时，芯片安全关断，处于可控状态。

创新设计单线通信电路。创新设计单线通信电路，使得均衡电路的控制、信息传输得以简化，极大地降低了系统成本。解决了传统均衡电路自检通信困难，是个黑匣子的难题，使得芯片变成可观测的，可控制的让人放心的透明部件。

设计开发高性能主动均衡算法。创新设计了高性能主动均衡算法，替代传统的被动均衡和电压均衡法，实现了电池组真正的状态平衡。安影科技主动均衡芯片在特有的经验模型基础上，引入了扩展卡尔曼滤波和自适应学习算法，将电池的非线性状态空间模型线性化，可以实现实时、精确地估算 SOC 值。基于 SOC 的均衡算法，可以使所有运行的电池同时充满，同时放完，实现成组电池的最大容量和最大寿命。

创新性地引入大数据管理平台。引入大数据管理平台，简化现场维护工作，提升效率；并收集海量数据，为后续的均衡算法研究提供数据支撑。

3. 发展成效

安影科技 2013 年自主研发基于双向 DC/DC 变换器的一致性算法主动均衡芯片正式推出，是业界首颗工业级高性能主动均衡芯片。与传统均衡芯片相比，创新性的内嵌先进智能算法，以能量转移的方式调整单体电池一致性，充分发挥单体电池的性能，延长电池组的使用寿命和平均无故障时间。30 个月的循环测试数据表明，该主动均衡系统可将电池的循环寿命提升至原来的 2 倍以上。安影科技的主动均衡芯片已实现量产，并在动力汽车、储能系统中大量应用。截至目前，安影科技共完成 10 个梯次利用产品项目，多为梯次储能项目。具体如下：

浙江国网新昌 150kW/500kW·h 集装箱梯次储能项目，采用由 3 簇电池组成的 1 个标准集装箱储能系统。单簇电池由 15 个电池模组（1P16S）串联组成，单体电芯选为比亚迪 3.2V/220A·h 规格的退役磷酸铁锂电池。3 簇电池独立连接到 PCS 直流通道后形成 768V/506.88kW·h 储能系统，搭配应配置 150kW 的 3 通道 PCS。本系统可满足业主削峰填谷的需要，实现经济收益。

吉利集团 1MW·h 梯次储能项目，该项目使用康迪 80V/66A·h 梯次电池建造。安影科技负责电池筛选与检测，电池成组及现场搬运组装，集装箱系统设计与建造，BMS、高压箱、汇流柜、电池架设计与建造。

浙江国网金华 3MW/10MW·h 梯次储能项目，该项目使用比亚迪磷酸铁锂电池模组建造，40 尺储能集装箱 250kW/0.833MW·h，共 12 台集装箱，总容量 3MW/10MW·h。

正泰园区 200kW·h 梯次储能项目，该项目使用比亚迪磷酸铁锂电池模组，做成 200kW·h 集装箱储能。

东风特汽 500kW·h 梯次储能项目，该项目使用的是东风特汽退役电池，做成 500kW·h 集装箱储能。

正泰无锡 2500kW·h 梯次储能项目，该项目使用的是比亚迪磷酸铁锂电池模组，做成 2500kW·h 集装箱储能。

青岛交运 2000kW·h 集装箱储能项目，该项目使用的是力神磷酸铁锂电池，为青岛交运公交大巴退役电池。该电池模块为 4S8P 20A·h 磷酸铁锂电池，原荷电能力为 2kW·h，退役时荷电能力约为 1.6kW·h。

海基 300kW·h 集装箱储能项目，该项目使用的是比亚迪磷酸铁锂电池模组，与交运项目类似，做成 300kW·h 集装箱储能。

福州大学 100kW·h 标准储能项目，该项目使用的是万向磷酸铁锂电池 6P4S 的模组（12.8V/300A·h），供实验室使用。

珠海中力观光车项目，该项目使用的是万向磷酸铁锂电池 6P4S 的模组（12.8V/300A·h），每辆观光车为 20kW·h，总共改造 20 辆车，目前运行良好。

福州铁塔项目，福州铁塔划拨了 10 个站点为试点，做梯次利用电池改造。安影科技采用福州大小金龙客车退役电池，做成 3 类基站后备电池包，目前改造已完成，试点运行良好。

4. 发展规划

今后，安影科技将继续专注于新能源电池梯次利用技术研发、生产及经营，致力于为客户提供专业的梯次利用系统解决方案。具体发展规划如下：一是

要进一步拓展产能，预计达到二轮车产品年产 300 万套，后备电源产品年产
100 万套，储能集成系统产品年产 8000MW·h，电动公共汽车后装系统装机
1 万辆。二是要完成梯次利用中心全国重点省市布点，预计在全国新建 10 个
梯次利用中心。三是要提升梯次利用核心技术水平，确保软硬件的迭代领先
地位。最终通过与主机厂、运营商、再生利用企业、第三方等企业合作共建
循环回收体系，进一步完善补全电池回收、拆解、仓储网点等环节，提升退
役动力电池市场化回收能力，完善全产业链布局，打造产融结合服务全国的
循环回收体系。

6.3.2　安徽巡鹰动力能源科技有限公司

1. 企业简介

安徽巡鹰新能源集团有限公司（以下简称巡鹰新能源）创建于 2011 年，
注册资金 10000 万元，现有职工总数 500 余人。专注于新能源动力电池的全
生命周期管理生态链搭建，是安徽省内规模较大的专业从事新能源动力电池
循环利用的企业，是集新能源领域制造、运营、服务、投资整合为一体的集
团化公司。经过十多年发展，在新型锂电池及材料、新能源汽车动力电池系
统生产、综合能源站运营建设、动力电池包及电动自行车换电运营、追溯、
综合利用、再生利用的高净值利用技术及自动化技术研究、动力电池产品研发、
生产、销售等方面均取得显著的成绩，形成了从技术开发、资源回收到资源
化利用的完整资源循环产业链发展体系。

巡鹰新能源产品应用范畴涉及动力电池包、家用备用电源、户外储能电源、
低速车系列电池、特种车辆系列电池、铁塔基站系列、储能电站、不间断电
源（UPS）、太阳能路灯电池组、农业用具及其他相关领域。经过多年积累，
锂电池综合利用的技术和经营已成体系，巡鹰新能源具备对所有回收锂电池
的判定及分容分档的技术。自主研发国内先进动力电池模组拆解设备及废旧
电池深度处理设备，保障动力电池模组拆解及动力电池再生利用过程全自动
化、智能化，从而实现动力电池全生命周期管理。

目前巡鹰新能源拥有技术领先的实验研发中心和新材料研究室，高标准
严要求每一个研发环节。十年磨砺攻坚克难，巡鹰新能源的全资子公司——
安徽巡鹰动力能源科技有限公司入选工业和信息化部正式公布的符合《新能

源汽车废旧动力蓄电池综合利用行业规范条件》（第三批）名单。巡鹰新能源取得多项自主产权产品专利，先后获得专精特新小巨人企业、安徽新能源汽车动力蓄电池回收试点企业、国家高新技术企业，安徽省新能源汽车动力蓄电池回收利用区域中心企业等荣誉称号。

随着经济全球化进程的不断加快和中国经济体制改革的纵深推进，巡鹰新能源将顺势而上，努力实施国际化市场、国际化人才、国际化管理，以及"大增长极、大产业链、大产业城"的新商业模式，实现"创新助力绿色新能源可持续发展"的企业使命。

2. 发展模式

巡鹰新能源目前有百余人的科研队伍，与中科院电力院、中国科技大学、合肥工业大学、山东大学、安徽建筑大学等高等院校的专家教授，建立深度技术交流平台，为中国新能源汽车动力电池梯次利用的研发、创新发展进行前瞻性研究和布局。

产品为王，追求卓越。巡鹰新能源的产品展厅里，陈列着新能源汽车动力电池系统、家用储能电源、户外储能电源、照明灯、低速车电池、叉车系列电池、UPS产品等，每一款产品均植入一颗量身定制的"心脏"。根据不同的产品、属性进行电芯设计。每一块经过回收处理再利用的动力电池，都在新的应用场景里实现价值。巡鹰新能源一直致力于设计、开发民生民用产品并实现产业化，通过高科技建立动力电池全周期生态链技术平台，实现对新能源动力电池的溯源性监控电池的性能评估及服务、梯次利用的规范操作及深度回收，再利用的全面服务可以提高资源利用率，避免环境污染，为实现环境友好、社会和谐承担更高的历史使命和社会责任。

布局全域，客户为先。经过数载经营与积累，巡鹰新能源已经拥有优质的客户群体和稳固的合作关系。公司以安徽合肥为中心点，销售网络呈散射状向东西南北方向分散，在江苏、浙江、四川、广西、湖北、湖南、山东等地均有核心经销商。此外，还有部分产品出口越南、印度、东南亚及南亚等国家，未来海外市场也将实现日本、澳大利亚、美国等国家的全方位覆盖。近年来，与东风小康、国轩高科、鹏辉能源、国投集团、航天科工等多家央企及上市公司建立战略合作伙伴关系。巡鹰新能源以产品安全为出发点，将安全理念贯穿始终，从产品研发到产品应用，严把安全观，奉献好产品，回馈社会需求和期待。

坚守初心,筑梦远航。巡鹰新能源通过吸收新技术、新工艺、新材料、新创意,把握新能源机遇,积极拓展新能源汽车电池系统、储能系统、梯次利用及深度材料再生等战略领域,创造优质产品,助力中国新能源事业腾飞。

3. 发展成效

未来,巡鹰新能源主要构建从"电池端—客户端—回收端—材料端"的全产业链生态聚合、全闭环发展、全域化布局机制,实现电池全生命周期的循环往复、综合利用。坚持从绿色低碳电池回收技术入手,研究各生命阶段电池再生利用的关键技术与工艺,并与产业化建设相结合,着力打造动力电池综合利用智能化产线,打造绿色低碳生态产业基地运营模式,同时发挥工业集群效应,与动力电池产业链上下游相结合,利用产业自身优势,对退役动力电池实现所有物质无害、高值化再利用。各项目产生的副产品可作为其他项目原材料,实现物质循环。同时,园区内建设智能生产调度中心,实现物料生产、调度实时控制,完成园区内产品零存储。通过发挥集群效应,实现电池所有物质综合利用,打造"绿色低碳＋数字化＋智能化"的低碳示范园区,向全国、世界进行推广。

巡鹰新能源已构建了四大产业发展基地:

1)动力电池及系统基地:围绕高端化、智能化及自动化电芯生产建设方向,结合动力电池系统个性化、集成化开发目标,实现动力电池系统和终端的匹配性和应用性,形成年产能10GW·h的生产能力。

2)储能系统基地:聚焦"双碳"目标,突破储能容量配置、储能电站能量管理、源—网—荷—储协同控制等关键技术,构建智能化、标准化和市场化的新能源储能产业发展方向,打造年产能5GW·h的储能系统制造能力。

3)动力电池梯次利用基地:构建新型梯次利用商业模式,实现动力电池回收梯次利用数据可溯性、应用过程安全可靠性、生产过程高效智能化等产业发展关键目标。实现梯次利用年处理能力50GW·h。

4)动力电池材料再生基地:打造绿色低碳、循环再生产业运营模式,推动废旧动力电池无害化、规范化、高值化利用。构建从资源开发到能源回收的闭环模式,实现年再生处理能力20万t。

6.3.3　南通北新新能科技股份有限公司

1. 企业简介

南通北新新能科技股份有限公司（以下简称北新新能）成立于 2012 年，位于长江与东、黄海交汇处，与浦东自贸区隔江相望。公司前身为启东市北新无机化工有限公司，2022 年 1 月改制成为股份有限公司。企业主要从事废旧新能源汽车动力锂电池再生利用，系国家级高新技术企业，江苏省唯一获得工业和信息化部公告符合《新能源废旧动力蓄电池综合利用行业规范条件》的企业。

近年来，北新新能主动服务"碳达峰""碳中和"战略目标，经过不断创新发展，已成长为国内新能源动力电池再生循环领域的知名企业。北新新能目前年处理量为 5 万～6 万 t，主要产品为废旧动力锂电池再生利用后制备获得的硫酸镍、硫酸钴、硫酸锰、碳酸锂等产品，广泛应用于新能源动力锂电池的前驱体和正极生产环节，下游主要客户皆为行业头部企业，并通过了多家知名材料和整车企业的穿透式审厂。

近两年来，北新新能获得"动力蓄电池生产者责任延伸履责评价"再生利用企业 AAA 评级、2019 年度中国有色金属二次资源循环利用"绿色先锋企业 30 强"单位、2019—2020 年度"全国动力电池回收利用行业优秀新锐企业奖"、2019—2020 年度"全国动力电池回收利用行业电池材料循环再生优秀企业奖"、2020 年中国锂电产业"思锂奖"最具投资潜力奖等各类资质和荣誉称号。

2. 发展模式

北新新能从成立至今，始终坚持100% 资源循环方式，通过源头上对电池包的顺逻辑拆解，到电芯的精细化破碎分选，以及湿法的全组分回收，直至制备前驱体和正极核心原料，完整实现了"取之于电池，用之于电池"的闭环循环。特别是将退役动力电池和正极材料废料的有价元素高效提取、材料性能修复、残余物质无害化处理等技术融合在一起，开发了一种成本低且工艺路线短、废水净化循环回用的正极材料回收再利用工艺。该工艺使用新型技术，将废正极材料中的镍、钴、锰、锂等主要金属元素分别——高效浸出，并且通过先进的除杂技术原位制备成高纯电池级原材料，具有短工艺、全回收、高提纯、低能耗、低排放的特点。

技术优势。再生利用行业领先企业的底层技术大多为湿法技术，但该技术需要在规模化场景中进行大量的二次研发。有些企业只能对镍、钴、锰进行选择性回收，且没有解决锂的高效回收问题，或者反之；或者虽然实现了全部金属元素的回收，但涉及多步化学反应、多种化学试剂，需反复精确控制溶液的各类参数，且回收金属元素的无机盐不能直接用于三元材料的制备，无法实现闭环循环。国外企业除了"火法"回收之外（提取率低，有二次污染），通过萃取法涉及溶剂萃取及溶剂洗脱（反萃取），过程烦琐，对有机溶剂和水的需求量很大。因此，只有少数企业能真正同时具备针对废旧锂电池的有价元素高效提取、材料性能修复、残余物质无害化处理等核心技术。

区位优势。北新新能位于长三角的中位地带，地处长江北岸入海口，与浦东临港自贸区隔江相望，具有十分优越的通江达海、便利联通苏沪浙皖的优势。长三角是中国新能源汽车产业重镇，江苏是国内现有动力锂电产能第一大省，全球排名前十的电池企业全部在苏设立总部或重要生产基地，上海是国内新能源整车和电池企业最为集中的单体城市，浙江和安徽在电芯、材料等领域也集聚了大量头部企业，具有明显的比较优势。长三角在全球领先的动力电池产业生态，为北新新能提供了就近配置要素资源的丰厚土壤。

供应链优势。目前动力锂电池还未达到报废高峰期，企业需要解决稳定的原料来源问题；未来行业进入高增长期，企业需要解决采购价格和资源竞争问题，有效构筑完整而立体的供应链网络将成为决定企业成败的重要因素。北新新能与上游供应商建立了稳固的合作关系，通过技术赋能、长期协议、渠道共享等方式，实现了在原料采购层面的竞争壁垒。同时，北新新能正与多家电池、材料企业积极探索创新的商业模式，与动力锂电产业链进行深度嵌入和融合，牢固构筑互相成就、有机发展的供应链平台。

双碳和环境、社会与治理（ESG）优势。经国内多家学术机构研究表明，从终端产品而言，使用废旧电池再生利用制备正极原料，相比于采购锂、镍、钴矿石进行加工制造的作业方式，其全生产周期的碳排放量明显少于后者，具有突出的降碳减排效果。与此同时，启东拥有国内单体容量最大的海上风电场，其发电量占启东全年用电总量的一半以上；北新新能自建屋顶分布式光伏电站，其使用"绿电"的水平属于行业领先，未来在参与碳权交易、欧洲市场出口（欧盟新《电池法》要求碳足迹管理）方面或有重大优势。

3. 发展成效

北新新能经过上述循环利用环节，最终再生获得电池级能源金属的核心基材，极大地缓解了新能源动力电池行业上游原料紧缺的状况；同时，也为下游客户的 ESG 目标提供了极大助力。目前，北新新能的主力客户主要聚焦在前驱体和正极行业排名前五的企业。

北新新能认为本行业优秀企业应该同时具备多种综合能力：领先的规模产能、合理的区域布局、稳定的上游供应链或回收网络、共融发展的头部客户、与时俱进的技术研发能力、优异的产品品质、最为严苛的环保和碳排放管控水平、前瞻的战略谋划格局。在技术层面，应更多关注预处理环节损耗率控制、湿法环节金属回收率、产品杂质指标管控、单位产品的加工成本、年度生产周转率、单位设备的处理容量、设备柔性调节能力、能耗双控水平等关键性难点。

4. 发展规划

北新新能计划今年下半年实施重大技改项目，完成后其处理废旧动力电池的能力相当于再造一个北新新能。同时，结合科学的区域布局，加快新型产能覆盖和预处理节点渗透，充分利用股东或合作伙伴的现有基础设施优势，建立覆盖全国的回收网络，同时探索自创面向下沉和边缘市场的具有互联网特征的专业回收平台，打通电池回收的毛细血管和最后一公里，最终形成点、面、网结合的业务格局。

未来，北新新能将继续贯彻落实"双碳战略"和"两山理念"，积极投身生态文明建设，服务保障江苏动力锂电池产能第一大省的领先地位。同时，北新新能已确定积极推进"百亿级新能源汽车动力电池再生利用与正极前驱体绿色制造示范基地"项目，全力以赴将该项目建成长三角乃至全国的"双碳"示范基地。

6.3.4 福建常青新能源科技有限公司

1. 企业简介

福建常青新能源科技有限公司（以下简称常青新能源）成立于 2018 年 10 月，注册资本 2 亿元。公司由世界 500 强企业——吉利科技集团（占股 40%）、世界 500 强企业巴斯夫和中国 500 强企业杉杉股份的合资公司——巴斯夫杉杉（占股30%）以及世界500强企业——紫金矿业集团（占股30%）共同投资组建。

2019年，常青新能源成为福建省率先列入实施报废电池再生利用的示范试点企业。2021年12月，常青新能源顺利入围符合《新能源汽车废旧动力蓄电池综合利用行业规范条件》企业名单。2022年1月，常青新能源入选福建省工业和信息化厅公布福建省工业龙头培育企业名单。

2020年，常青新能源全年实现营业收入5.82亿元（不含税），实现利润近5000万元，2021年全年实现营业收入11亿元，实现利润8300多万元。

常青新能源主营锂电三元前驱体的研发、生产、销售及废旧锂电池资源化利用等业务，具备研发及制备高镍低钴动力锂电池三元前驱体（7系、8系、9系）产品能力，前驱体产品以NCM523、622及811系为主。目前销售产品以523型三元前驱体（NCM）为主，副产品为粗碳酸锂、无水硫酸钠、废铜、废不锈钢、废铝等。

2. 发展模式

常青新能源依托投资公司的终端优势、矿资源优势及产业优势，建立了一条涵盖"上游钴矿资源（紫金）—前驱体（常青）—正极材料（巴斯夫杉杉）—电池（吉利）—整车（吉利）—电池回收（常青）"于一体的闭环产业链，形成强大的回收、梯级利用和完整资源化优势。

终端优势是吉利汽车旗下新能源产品终端表现突出。2022年1—5月，几何累计销量达42318辆，同比劲增349%；极氪累计销量20715台，突破20000辆仅用时217天；换电出行新势能睿蓝汽车累计销量12356辆，实现连续三个月环比上涨的强劲态势。吉利新能源渗透率达到22%，高价值产品持续热销，进一步推动品牌向上。

矿资源优势是紫金矿业矿产资源布局广泛。2021年，紫金矿业明确全面进军新能源新材料领域，获得了阿根廷3Q锂盐湖项目，在刚果（金）布局了硬岩锂勘察项目；2021年年中，紫金矿业提出到2025年有望形成5万t碳酸锂产能；2022年4月29日耗资76.82亿元收购盾安集团旗下包括西藏阿里拉果错盐湖锂矿70%权益等资产；另外，紫金刚果（金）生产基地2022年产钴3000兆t，钴资源储备达到50000兆t。

产业优势是巴斯夫具备较强的原材料供应体系和湖南杉杉具备完善的产

业链布局。巴斯夫作为全球领先的电动汽车锂离子电池正极活性材料供应商之一,具有强大的技术和研发能力、全球运营布局,以及与战略伙伴共同构建的原材料供应体系,并将通过持续扩产在 2022 年底提升全球年产能至 16 万 t。湖南杉杉能源深耕锂电正极材料领域 18 年,具备广博的专业知识和行业经验,产品组合覆盖锂离子电池正极材料各个主要体系及相应规格的前驱体产品,并已形成"原材料—三元前驱体—正极材料—电池回收"的产业链布局。

3. 创新技术

常青新能源直接利用废旧锂电池回收电极料及镍钴中间品(粗制氢氧化镍钴等)作为原材料,经过浸出、除杂、调质、沉淀等工序得到镍钴锰三元前驱体。相对传统工艺用镍钴锰硫酸盐晶体作为初始原料,具有流程短、成本低、收率高、质量可控、锰可以充分利用的优势,充分利用了稀缺的镍钴资源,并回收了锂,得到具有很高性价比的镍钴锰三元前驱体产品。

常青新能源自行开发镍钴锰锂同时萃取和逐步分离技术、高密度球形镍钴锰氢氧化物复合络合共沉淀湿法合成和非均匀成核沉淀改性技术,实现材料的高振实密度和良好形貌,同时降低原料成本。

另外,常青新能源使用电池回收原材料生产电池材料,节能减排效益和循环经济效益明显,除可回收镍钴锰等有价金属外,还可回收锂制备成粗制碳酸锂,解决部分锂供应问题。

常青新能源采用湿法冶金法可实现废旧锂离子电池中金属的全组分回收,不仅有效避免了废旧动力锂电池回收处理过程的环境污染,而且具有投资少、能耗低、生产成本低和对原料适应性强等优点。具体如下:

资源综合利用率高。三元电池和钴中间品中均含有不少的锰,常青新能源采用的工艺流程均能采用最低的生产成本得到合格的电池级硫酸锰溶液,提高了经济效益,减少了固废排放。

生产效率较高。通过合理的布局,工人操作简便、劳动强度降低,生产连续性强。

产品质量好。通过合理设计生产线各段级数,以及设计萃取箱反洗段的回流,得到高品质的电池级硫酸镍、硫酸钴、硫酸锰以及硫酸钴锰溶液。

回收率较高。三元电池线和钴中间品线均能控制镍、钴回收率 $\geqslant 99\%$;镍

豆线镍回收率 ≥ 99.8%；锂综合回收率 > 85%。

4. 发展规划

常青新能源目前正全面开拓并布局全国回收网点，目前已签订多家回收网点、汽车厂、电池厂、各大新能源品牌 4S 店及地市汽车拆解企业，未来将在全国布局四大"大基地"、八大"小基地"。

常青新能源在福建基地分三期建设（2019—2025 年），总投资 65.89 亿元，规划用地 1182 亩，其他省份生产基地正在筹划中。福建项目一期于 2019 年 12 月正式投产，占地 182 亩，投资 11.8 亿元，现有三元前驱体产能 2 万 t 及 1 万 t 废旧电池回收再生利用的处理能力。福建项目二期占地 450 亩，投资 20.3 亿元，计划 2023 年 11 月建成投产，投产后前驱体产能 3 万 t，废旧电池回收 4 万 t。福建项目三期占地 500 亩，投资 33.8 亿元，计划 2025 年 12 月建成投产，三期全面达产后实现每年 10 万 t 的前驱体生产和 15 万 t 的电池回收。

第 7 章　专家视点

"双碳"战略下，强化动力电池全生命周期管理

孙逢春　中国工程院　院士

"双碳"战略引导下，新能源汽车产业实现了"十四五"良好开局，带动我国动力电池产业规模快速增长、技术水平显著提升。但在原材料供给、核心技术突破、退役电池回收、绿色低碳发展方面仍面临新的挑战。强化动力电池全生命周期管理，加强动力电池产业链供应链协同发展，强化全环节绿色低碳技术应用，构建动力电池全周期碳核算体系及回收利用体系，可助力我国动力电池产业绿色低碳、健康持续发展。

一、动力电池产业发展现状及趋势

1. 新能源汽车产业快速发展，产销规模及关键技术全球领先

通过政策和市场的双轮驱动，我国新能源汽车产业发展取得了明显成效，已成为引领全球电动化转型的重要力量。一方面，我国新能源汽车市场规模实现新突破。2021 年，新能源汽车产销分别达到 354.5 万辆和 352.1 万辆，呈现爆发式增长态势，并连续 7 年位居全球第一。另一方面，我国新能源汽

车技术水平显著提升。2021 年，我国企业获得新能源汽车相关专利超三万件，占全球的比重达到 70%。电动车底盘已从油改电平台发展到纯电动专用平台，集成度和模块化程度逐步提升，800V 高压架构、第三代功率半导体碳化硅等关键技术的创新应用，有效实现电驱系统高效化。动力电池在新材料、新工艺等方面实现了多项技术突破，钠离子电池、高镍无钴电池等方面取得积极进展，新能源汽车产品性能水平持续提升。

2. 动力电池产业发展步入新阶段，竞争优势及产业集群效应显现

2021 年新能源汽车领域动力电池装机量实现翻倍增长，达到 154.5GW·h，较 2020 年增长 1.4 倍，我国动力电池产业逐步完成跟随追赶到反超领跑的角色转变。同时，我国动力电池产业和市场的崛起也培育出具有全球竞争力的领先企业。2021 年全球动力电池装机量前十企业中，中国企业占据 6 席，围绕巨头企业形成的动力电池产业集群效应和规模效应正在逐步显现。从区域看，动力电池产能主要集中在四川、福建、江苏、浙江、广东等地区，从企业看，宁德时代和比亚迪的装车量占据近 70% 的市场份额。在新能源汽车需求增长驱动下，动力电池企业纷纷发布增产扩产计划，仅我国头部企业 2025 年计划扩产规模已达到 2500GW·h，将达到 2021 年动力电池装机量的 16 倍。

3. 动力电池行业技术水平显著提升，部分关键技术取得重要突破

"高能量、高安全、长寿命、快速充电、全气候、低成本"是新一代动力电池主要发展方向。目前我国动力电池的关键技术在材料创新、单体结构创新和系统集成创新等方面不断突破，并实现示范应用，行业技术水平显著提升。高镍三元正极、硅碳负极、半固态电解质是以材料创新提高动力电池能量密度的主要发展方向，而且长期来看，全固态电解质及锂金属负极材料将成为电池材料主要技术路线。内置镍箔作为发热体的全气候电池可以使加热电能有效利用率近 100%，通过单体结构创新有效地解决电动汽车冬季续驶里程急剧下降、无法启动等问题。CTP、CTC、CTB 等技术的提出与应用是以系统集成创新提升动力电池成组效率，逐步实现标准化模组到大模组，再到车身一体化的转变，结构上更为简洁，空间利用率进一步提高。

二、动力电池产业发展面临的挑战

1. 动力电池上游原材料供应面临巨大挑战，短期供需失衡矛盾较为突出

随着我国新能源汽车产业的发展全面提速升级，动力电池需求量快速增长。但受限于资源储量以及开采技术，我国锂、镍、钴资源对外依存度处于较高水平，叠加部分原材料生产限制矿产资源出口、疫情防控及地区冲突等不确定因素，动力电池原材料价格大幅上涨，电池制造企业和汽车生产企业都面临着巨大的成本压力。另外，锂、镍、钴等矿产资源产能释放周期一般在 3~5 年，原材料与动力电池扩产供需错配时间拉长，动力电池供不应求的局面日益凸显，短期供需失衡矛盾仍较为突出。

2. 动力电池回收利用市场机制成熟度不高，尚未形成闭环的回收利用体系

退役动力电池回收利用是保障社会安全、保护生态环境的重要手段，也是应对资源供应短缺、促进动力电池产业持续发展的有效途径。产业链上下游相关企业纷纷布局电池回收业务，回收服务网点数量快速增加，梯次利用企业与再生利用企业产能布局日益加快。但我国动力电池回收利用行业仍存在一些问题，动力电池回收利用制度约束力不强、回收利用企业和网点建设缺乏统一规划、产业布局与资源配置不平衡、退役电池持有企业与后端回收利用企业信息不对称等问题比较凸显。整体来看，动力电池回收利用市场机制成熟度不高，市场尚未形成闭环的回收商业运营模式，我国动力电池回收利用体系亟待建立。

3. 发达国家设置"碳壁垒"，对动力电池绿色低碳发展提出更高要求

2022 年 3 月 10 日，欧洲议会投票通过了《欧盟电池与废电池法规》，将电池管控方式由指令上升为法规，对欧盟电池产业链实施更为全面的监管，而且新的法规确定了电池碳足迹统一的计算方法、碳足迹性能分级方法以及最大碳足迹限值，涵盖了电池从原材料生产加工、使用过程、退役及回收利用的全生命周期。2022 年 3 月 15 日，碳边境调节机制（CBAM，碳关税）于欧盟理事会获得初步通过，即对进口商品征收碳边境税或要求购买碳排放配额。6 月 22 日，欧洲议会再次投票表决，碳关税立法取得新的进展，推行碳关税是发达国家一直呼吁的应对气候变化的路径。无论是新电池法规的修订还是碳关税政策的提出，都表明全球范围内涵盖动力电池全生命周期的"碳

壁垒"已经形成,这对我国动力电池绿色低碳发展提出更高要求,倒逼我国动力电池产业链上下游企业加速产业链低碳转型。

三、动力电池全生命周期管理策略与路径

1. 加强动力电池产业链供应链协同发展,保障资源供应稳定

新能源汽车市场规模持续扩大,为动力电池行业步入"TW·h 时代"带来强劲动力,全力做好动力电池材料的供应保障十分重要。一方面,建立完善的产学研合作机制,推进电池企业转型和升级,实现动力电池基础共性技术研究,促进电池生产的规模化与标准化。另一方面,强化动力电池产业上下游各环节的协同发展,推动电池企业与下游整车企业、上游材料行业的沟通合作,打通供给侧 - 需求侧信息屏障,实现资源集约化、高效化应用,更大范围、更深层次开展战略合作,推动供应链协同发展,重塑新型供应链模式,最终保障资源供应稳定,共同做大做强动力电池产业。

2. 强化绿色低碳技术应用,打造低碳零碳工厂,促进产业绿色低碳发展

我国动力电池产业链完整,在技术、制造、成本等方面具有领先优势,但在全球碳中和趋势下,动力电池企业想要进入全球市场,需加速探寻实现产业链"零碳"的路径。动力电池生产环节会产生大量的碳排放,目前国内主要电池生产企业都已开始着力加强动力电池生产制造过程中的碳减排,主要采用强化低碳技术应用和打造低碳零碳工厂两种路径。一是实现碳管理的数字技术赋能,综合利用人工智能、大数据等先进技术,在产品工艺研发、生产过程管控、经营管理模式、运维与服务、构建产业链供应链协同等方面赋能,助力实现动力电池全生命周期过程碳追溯,同时能够实现节能降本增效提质;二是通过解决能源端的"零碳",有效利用不同地域能源禀赋加速打造低碳、零碳工厂,比如宁德时代选择水资源丰富的四川宜宾建设零碳工厂,远景动力选择在风光综合能源富集的鄂尔多斯建立零碳电池产业园。

3. 构建基于电池溯源管理的动力电池回收利用体系,助力产业安全环保循环发展

新能源汽车国家监测与动力蓄电池回收利用溯源综合管理平台(以下简称国家溯源管理平台)以编码为信息载体,可对各环节主体履行回收利用责

任情况实施监测，并已收集了动力电池从生、使用、退役及回收利用的全生命周期溯源大数据。通过对动力电池全生命周期溯源大数据的分析，落实生产者责任延伸制度及各环节主体责任，促进产业链上下游信息流通，实现全环节的管控与布局，也可助力相关主管部门及地方政府在源头管控与末端治理方面加大监管约束，从而构建完善的回收利用体系，助力产业安全环保循环发展。

4. 强化动力电池全生命周期设计，设计生产环节利于循环利用

强化动力电池的全生命周期管理意义重大，应在前端产品设计、商业运营模式等方面强化产品循环利用设计理念，利于解决因电池单体、电池包形态各异导致后端拆解及梯次利用困难等问题。

一方面，前期设计生产阶段要考虑动力电池标准化、可梯次利用设计及易拆卸设计。动力电池标准化设计能够降低全生命周期成本的同时便于报废后统一回收处理，充分考虑动力电池的可梯次利用化设计及易拆卸设计，采用易于维护、拆卸、拆解的结构及连接方式，便于动力电池报废后回收利用。另一方面，推广使用换电模式。换电模式使整车企业持有电池产权，可控制电池资产流动性，便于资源集中管理的同时利于回收和梯次利用，有效提升动力电池全生命周期价值。

5. 建立动力电池全生命周期碳核算体系，提升动力电池全球竞争力

目前，动力电池产业链逐级递推，分布范围广，电池产品上下游的碳排放数据可获得性较难，迫切需要建立和完善全生命周期的碳足迹核算体系。一是要加强顶层设计的系统化规划，明确从原材料到退役回收利用全产业链碳足迹管理办法，明确企业主体责任，指导产业链实施碳减排。二是研究制定动力电池全产业链碳足迹核算标准及方法论，加快构建核算模型和核算算法，确定我国动力电池碳足迹统一的计算方法，形成碳足迹核算标准，同时要确保与国外标准互相认可，给产品赋予全球通行的低碳标签。三是依托国家溯源管理平台软硬件及大数据资源，建立动力电池全生命碳足迹管理平台，强化产业链上下游的横向及纵向协作，兼顾内部控制信息的固有隐秘性和供应链互联共享性，共同推动碳足迹的管理，提升我国动力电池产业全球竞争力。

退役动力电池回收利用过程污染控制的探索与挑战

韦洪莲　生态环境部固体废物与化学品管理技术中心 总工程师

随着新能源汽车产业的快速崛起，锂离子动力电池的退役量也迅速增加。但是，目前大约有80%的退役动力电池流入非法渠道，改装后用于电动两轮车、充电宝等或者直接进行非法拆解，存在严重的环境风险和安全隐患。废旧动力锂电池含有镍、钴和锰等重金属以及含氟电解质等有毒有害物质，若处置不当，会对生态环境构成严重威胁。因此，应对退役动力电池回收利用过程中的环境风险严格把控，避免重走铅蓄电池"先污染后治理"的老路。

一、我国废动力电池回收处理产业情况

我国新能源汽车产业自2010年起步，2015年开始迅速发展。根据中国汽车工业协会统计，2021年新能源汽车产销量分别为354.5万辆和352.1万辆，同比均增长1.6倍，市场占有率提升至13.4%。新能源汽车对燃油车市场的替代效应日益显现，实现了从政策驱动转向市场带动的转型。

在新能源汽车市场快速发展的背景下，动力电池同样保持着快速增长的势头。2021年，我国动力电池产量累计219.7GW·h。动力电池用于新能源汽车的寿命通常为5~8年，从2018—2019年开始我国已有大量的动力电池进入报废期。综合考虑各项数据，2020年退役动力电池累计约为26.69GW·h（约23.78万t），2022年退役动力电池累计达到52.29 GW·h（约38.54万t），预测2025年退役动力电池将达到134.49 GW·h（约80.36万t）。目前，动力电池生产企业和第三方回收企业已在废动力电池回收利用方面布局。2018年至2021年，工业和信息化部先后公布三批符合《新能源汽车废旧动力蓄电池综合利用行业规范条件》的名单，共计45家企业。

二、退役动力电池回收利用过程产生的环境风险

动力电池的主要组成部分包括：正极、负极、电解液、隔膜以及外壳。正极包括钴酸锂、锰酸锂、镍酸锂、磷酸铁锂等含锂氧化物以及导电剂、黏结剂[2]，其中含有镍、钴和锰等重金属，如不经专业处理，会造成重金属污染，破坏环境酸碱平衡。负极材料一般分为碳系（石墨等）和非碳系（硅类合金等）

两类，同时含有导电剂和黏结剂，遇到明火或者高温可发生爆炸，易造成粉尘污染、氟污染，同时也可破坏环境酸碱平衡。隔膜材料包括聚丙烯、聚乙烯，燃烧可产生一氧化碳、醛类物质等环境污染物。黏结剂由聚偏氟乙烯、偏氟乙烯等含氟物质构成，受热分解产生氟化氢气体，造成氟污染。

动力电池电解液由电解质，溶剂和添加剂组成。电解质主要包括六氟磷酸锂、高氯酸锂、四氟硼酸锂、六氟砷酸锂等锂盐。电解质中的六氟磷酸锂属于有毒、强腐蚀性物质，且易潮解，在空气中水解释放白色烟雾五氟化磷，遇水生成氟化氢气体，燃烧产生五氧化二磷，其他含氟锂盐也易与水反应生成氟化氢气体。溶剂通常为碳酸二甲酯、碳酸二乙酯、碳酸甲乙酯、碳酸甲丙酯、碳酸乙烯酯和碳酸丙烯酯等有机化合物，性质易燃，与空气混合可能形成爆炸物。添加剂主要为成膜添加剂、导电添加剂、阻燃添加剂、过充电保护添加剂等（表 1）。

表 1　废旧动力电池潜在环境污染

类别	常用材料	潜在污染
正极材料	钴酸锂、锰酸锂、镍酸锂、磷酸铁锂	重金属污染，破坏环境酸碱平衡
负极材料	碳材料、石墨等	粉尘污染，氟污染，改变环境酸碱度
电解质	$LiPF_6$、$LiBF_4$、$LiAsF_6$	对眼睛、皮肤、特别是对呼吸系统有刺激性，对水生生物毒性极大
电解质溶剂	碳酸乙烯酯等	吸入、皮肤接触及吞食有毒，对眼睛、皮肤有刺激作用
隔膜	聚丙烯等	有机污染物
黏结剂	聚偏氟乙烯等	氟污染

利用火法和湿法工艺处理废旧动力电池，可以实现对金属元素的回收利用，但同时也会产生一系列污染物，包括拆解过程中产生的粉尘，焙烧过程产生的含氟气体以及浸出过程中产生的废酸液、废碱液、浸出酸雾、废萃取液及重金属废渣等，还包括电池中的其他废料，如废电解液、废有机隔膜、废黏结剂等。再生处理过程产生的污染物会对水体及土壤造成严重污染。在火法工艺中，电解质溶剂受热挥发或燃烧分解为水气和二氧化碳；电解质中的六氟磷酸锂暴露在空气中加热，会迅速分解出五氟化磷，最终形成含氟烟气和烟尘向外排放。湿法工艺使用碱性溶液溶解集流体铝箔或正极活性物质，而氟化氢和五氟化磷极易在碱溶过程中生成可溶性氟化物，给水体带来氟污

染，同时含氟物质在环境中进行转化和迁移，危害人体健康（图 1）。

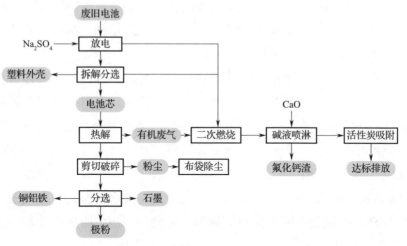

a）预处理过程及污染物排放

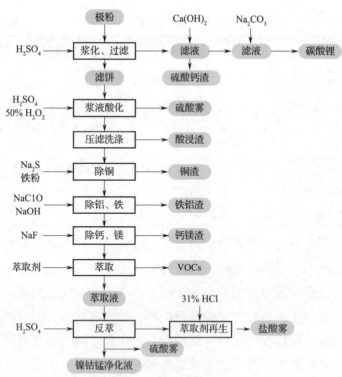

b）金属再生过程污染物排放

图 1　再生处理过程的污染物排放

三、退役动力电池回收利用过程环境风险防控

（1）退役动力电池回收利用过程主要产生含氟气体、废萃取液、重金属固体残留物等废气、废液、废渣等污染物，企业处理过程需严格落实《废锂离子动力蓄电池处理污染控制技术规范（试行）》（HJ 1186—2021），按照其规定的废锂离子动力蓄电池处理的总体要求、处理过程污染控制技术要求、污染物排放控制与环境监测要求和运行环境管理要求进行全过程环境污染防控。

（2）在污染物排放环节，我国尚未制定废动力电池处理行业污染物排放标准，处理企业污染物排放目前参照《污水综合排放标准》《大气污染物综合排放标准》等国家标准。开展动力电池生产行业和综合利用行业污染物专项调查，掌握行业特征污染物产排底数，厘清行业特征污染物排放限值，不断加强动力电池回收利用过程的污染防治，以满足日益严格的生产准入和产业变化需求。

（3）借助国家新能源汽车及动力电池产业高速发展契机，研发自动化、污染小、经济环境综合效益好的处理工艺，指导企业规范污染控制工艺、设施和效率，全面提升其综合利用绿色化与智能化水平，构建具有可复制效应的动力电池回收利用管理体系和操作模式，进一步推进新能源汽车全生命周期绿色化发展。

（4）在生产环节，加强六氟磷酸锂、六氟砷酸锂、碳酸乙烯酯等有毒有害物质管控，推行清洁生产技术，逐步减少电解液含氟电解质、有机溶剂以及添加剂的使用，最终实现技术替代和污染源头控制，降低其在电池回收处理环节带来的环境风险，实现全生命周期绿色清洁生产。

动力电池回收利用助力新能源汽车产业健康可持续发展

冯屹　中汽数据有限公司　总经理

近日，党中央、国务院印发《关于完整准确全面贯彻新发展理念做好碳达峰碳中和工作的意见》和《2030年前碳达峰行动方案》，构建贯穿碳达峰、碳中和两个阶段的顶层设计，对推进碳达峰工作作出总体部署，提出能源绿色低碳转型行动、节能降碳增效行动、交通运输绿色低碳行动、循环经济助力降碳行动等十大行动。

做好动力电池回收利用对于促进汽车产业全面绿色低碳转型，降低交通领域碳排放，提高能源、资源循环利用效率，实现"碳达峰、碳中和"目标具有重要意义。当前，我国新能源汽车产业高速发展，截至2021年10月底，累计销售808万辆，装配动力电池总电量达374GW·h（折合重量约329万t），共消耗金属锂4万t、钴4.3万t、镍10.6万t、锰6.8万t。随着新能源汽车的迭代更新，动力电池开始逐步进入批量化退役阶段，通过对退役动力电池的梯次利用，可进一步挖掘残余价值，通过再生利用可提取贵金属原材料，将有效缓解我国锂、钴等资源对外依赖程度。

一、动力电池回收利用管理的"四梁八柱"

近年来，工业和信息化部高度重视动力电池回收利用工作，会同有关部门加快构建管理制度体系，推动回收利用体系建设。特别是在无国外经验借鉴的前提下，研究制定了包括《新能源汽车动力蓄电池回收利用管理暂行办法》《新能源汽车动力蓄电池回收利用溯源管理暂行规定》《新能源汽车动力蓄电池回收服务网点建设和运营指南》等适合我国国情的动力电池回收利用管理的"四梁八柱"政策体系，率先建立全球首个动力电池回收利用溯源平台，实现全生命周期管理，为全球提供新能源汽车动力电池回收利用管理的"中国方案"。

（1）管理制度体系基本建立。2018年2月，工业和信息化等七部门联合印发《新能源汽车动力蓄电池回收利用管理暂行办法》，作为我国第一部专门针对新能源汽车动力蓄电池回收利用的管理文件，明确了各相关主体责任，建立了以汽车生产企业为主的生产者责任延伸制度。此后，发布实施了《新能源汽车动力蓄电池回收服务网点建设和运营指南》，明确回收体系规范建设要求；修订发布《新能源汽车废旧动力蓄电池综合利用行业规范条件（2019年本）》及公告管理办法，适应行业新形势，强化环保、安全等要求，细化梯次及再生利用相关规定。2021 年，工业和信息化部会同市场监督管理总局等部门联合印发《新能源汽车动力蓄电池梯次利用管理办法》，进一步明确、细化了梯次利用企业和梯次产品的管理要求，提出梯次利用企业应履行生产者责任，落实溯源管理，承担保障梯次产品质量及产品报废后回收的义务，同时提出建立梯次产品自愿性认证制度。经过 5 年的研究摸索，我国形成了以上述政策为核心的动力蓄电池回收利用管理制度体系，对于我国动力电池回收利用产业发展起到了重要推动作用。

（2）溯源监管全面实施。为推动产业链上下游相关主体落实管理要求，工业和信息化部于 2018 年实施《新能源汽车动力蓄电池回收利用溯源管理暂行规定》，要求对电池实行统一编码，为每一个电池赋予了"身份证"，并明确相关主体溯源信息上传要求，同时开发上线"新能源汽车国家监测与动力蓄电池回收利用溯源综合管理平台"，以编码为信息载体，建立动力蓄电池全生命周期物质流向监测体系。此外，进一步强化各地方的属地监管责任，建立本地区动力电池回收利用动态监测报告制度，强化废旧动力电池来源、流向等信息的监管，构建了动力电池来源可查、去向可追、节点可控的机制。

（3）多层次标准体系初步形成。为引导动力蓄电池回收利用行业规范、有序发展，各有关部门、机构加快相关标准研制。国家标准层面，发布了"编码规则""规格尺寸""包装运输""余能检测""拆卸要求""拆解规范""材料回收""梯次利用要求""梯次产品标识""放电规范"10 项国家推荐性标准；行业标准层面，发布了"储能用梯次电池系统""再退役条件""污染控制"等 10 余项行业标准；团体标准层面，发布了"储能用梯次电池"等近 20 余项团体标准，建立以国家标准为主体、行业和团体标准为补充的多层次标准体系，为动力电池回收利用产业高质量发展提供坚实支撑。

二、我国动力电池回收利用产业发展格局

在各部门、各地区及产业链上下游企业的共同努力下，目前全国性动力电池回收网络已基本建立，梯次和再生利用产业形成一定规模，初步构建了

市场主导、多方参与、创新引领、融合发展的动力电池回收利用体系。

（1）多元化回收网络逐步加密。170 余家汽车生产和梯次利用企业已在全国建设回收服务网点 10000 余个，其中，合作共建网点约占 25%，正逐渐成为网点建设的重要模式。同时，以格林美、中远海运等为代表的综合利用、仓储物流企业也积极参与网点建设；中汽数据有限公司联合产业链上下游相关企业主体探索建立"共建共享"回收服务体系，形成线上线下结合的新型回收模式。

（2）梯次利用水平快速提高。梯次利用作为新兴领域发展较快，以比亚迪、蓝谷智慧等为代表的梯次利用骨干企业已在基站备电、储能及低速车领域开展大量实践应用，初步实现梯次产品的商业化运营。目前，中国铁塔公司在通信基站使用梯次电池以替代铅酸电池；比亚迪联合伊藤忠商事开拓日本梯次储能市场。

（3）再生利用总体处于国际先进水平。目前再生利用行业主要采用湿法冶金工艺，格林美、华友等是主要的再生利用骨干企业，其锂、钴、镍等金属回收率可达 92%、98%、98%。同时，贵州中伟、中科院过程所等突破了带电破碎、短流程提取有价元素等技术并部分实现产业化，进一步推动动力电池再生利用降本增效。国内领军企业加快"走出去"步伐，如华友联手浦项制铁公司布局韩国再生利用市场，格林美与韩国 ECOPRO 就动力电池综合利用达成技术输出。

三、推动我国动力电池回收利用产业高质量发展的政策建议

我国动力电池回收利用工作取得了积极成效，但目前退役电池数量总体较少，回收利用产业仍处于发展初期。为应对即将到来的动力电池"退役潮"，建议从以下四个方面完善：

（1）增强制度约束力，加强现场监督检查。国家层面，建议尽快制定出台《新能源汽车动力蓄电池回收利用管理办法》部门规章，加大源头管控与末端治理，完善激励与惩处措施，推动相关主体切实履行责任。地方层面，建议各有关主管部门加强联动执法，加大对企业的检查及督导力度，及时向社会公布企业履责情况。

（2）大力推动技术创新，持续提升技术水平。建议国家及各地方主管部

门进一步加大科研支持力度，重点支持退役动力电池残值状态评估、快速无损检测、分选重组、精细化、智能化拆解、高效异构兼容利用、短流程再生元素提取、隔膜、电解液高效回收等关键技术及装备攻关，支持产业化技术推广应用，持续提升行业技术水平。

（3）加大激励政策支持，促进产业高质量发展。建议国家通过财税、专项等资金，加大磷酸铁锂等低值动力电池再生利用支持力度，提高低值动力电池再生利用经济性，激发市场内生动力。同时，加大对梯次和再生利用骨干企业的培育力度，促进优势资源向领军企业倾斜，提升产业集中度。鼓励梯次产品租赁等模式推广，降低动力电池物权分散程度，提高退役电池回收效率。

（4）加强宣传引导，营造良好舆论氛围。建议在动力电池回收利用试点工作的基础上，总结典型经验，重点围绕回收体系建设、梯次利用、再生利用等领域，遴选一批技术经济性高、行业带动效果强、资源环境友好的回收利用示范项目，加大市场化推广力度。充分发挥行业机构、协会组织的支撑作用，加强社会宣传，营造良好的舆论氛围。

我国退役车用动力电池梯次及资源再生利用概况

肖成伟　中国电子科技集团公司第十八研究所　研究员

我国是全球第一大能源消耗国和碳排放国，72% 的石油依赖进口，远超能源安全警戒线，发展新能源汽车已成为我国保障能源安全、实现双碳目标不可逆转的战略选择。我国新能源汽车产业快速发展，产销量持续高速增长，2021 年新能源汽车销量达到了 352.1 万辆，截至 2021 年年底，我国新能源汽车产销量连续七年全球第一，新能源汽车总销量超过 900 万辆，累计配套动力电池超过 420GW·h。我国发布的《新能源汽车产业发展规划（2021—2035 年）》提出，到 2025 年新能源新车销售量达到汽车新车销售总量的 20% 左右，预计将达到 500 万辆（按 2500 万辆的汽车销量计），市场发展容量巨大。

锂离子电池以其能量密度高、循环寿命长、自放电率低、无记忆效应以及环境友好等优点，成为新能源汽车储能装置的首选技术和产品。2021 年车用动力电池装车配套量达到了为 154.5GW·h，配套量快速增长。目前我国有 60 余家锂离子动力电池企业实现了装车配套，年产能规模合计在 1TW·h 左右。

动力电池在新能源汽车上经过长时间充放电循环使用后，当电池容量衰减到初始容量的 60%~80% 时，即达到了设计的有效使用寿命要求，需要进行停用或退役。随着我国新能源汽车产业的发展，动力电池退役渐成规模。大量退役的锂离子电池若得不到及时良好的处理，将对环境和人体健康产生严重危害，并造成资源浪费。据中国汽车技术研究中心预测，到 2025 年，我国动力电池退役量将达到 91GW·h 的规模。因此退役的车载锂离子电池的回收利用显得尤为重要，做好动力电池的回收利用是保障新能源汽车产业健康发展的重要基础，同时有助于减少环境污染，促进资源综合利用和循环经济的发展，减少贵重金属资源的对外依存度。

近年来我国陆续出台关于动力电池回收利用的政策以及相关标准法规。随着新能源汽车产业的快速发展，以及国家对低碳节能减排和环境保护要求的不断加大，回收利用相关的政策与国家标准、行业标准和团体标准不断细化，涉及车用动力电池设计及生产、编码溯源、回收、运输与贮存、梯级利用、再生利用等诸多方面，有效避免了动力电池回收利用行业快速发展中的乱象，促进了动力电池回收利用技术和行业的健康良性发展。

当前动力电池回收利用主要包括梯次利用和资源再生利用两大领域。梯次利用电池技术包括动力电池柔性无损拆解和重组技术，基于动力电池全生命周期监控的大数据信息技术，动力电池剩余寿命预测、性能评估和筛选技术以及动力电池利于梯级利用设计技术等，梯次利用电池产品大致可分为三类：整包级别梯次利用、模组级别梯次利用和拆解的电池单体重新组合梯次使用，相关产品分别在通信基站、电力储能、低速电动车、外卖电动车等实现了商业化应用，开展动力电池梯次利用的企业数量不断增加，电池梯次利用产业加速发展，新的商业模式不断涌现和得到实践。随着动力电池制造水平的持续提高，电池自动化生产线的广泛使用，动力电池的一致性显著提高，动力电池梯次利用的价值和经济性逐渐显现，动力电池梯次利用行业迎来了新一轮的发展热潮。

报废的动力电池中含有锂、镍、钴、锰、铝、铜和铁等有价金属元素，对其资源再生利用遵循的原则：从源头进行固废减量，对动力电池进行精细化拆解，对不同材料进行归类处理，最大限度实现资源的循环利用。我国报废动力电池资源再生行业主要以湿法回收技术为主，通过自动化拆解成套工艺和装备，实现精细化拆解及物料的高归集率；采用酸 / 碱溶液将电极材料中的金属元素浸出，通过萃取和沉淀的方法实现金属的分离和纯化，以金属或其他化合物的形式实现回收。三元锂离子动力电池的资源再生具有良好的经济性，对镍、锰、钴等金属元素可实现 98% 以上的回收率，生产出镍、钴、锰及锂盐以及三元正极材料及其前驱体。磷酸铁锂电池可采用高温固相法对分离得到的磷酸铁锂正极材料直接修复再生，以实现较高的回收利用价值；同时随着碳酸锂和磷酸铁锂材料的价格飞涨，报废磷酸铁锂电池回收利用的价值逐渐显现，通过湿法工艺技术可实现锂（碳酸锂形式）和磷酸铁的高效回收利用，并具有较好的经济性。目前对于石墨类负极材料、隔膜材料及电解液的再生利用仍显薄弱，亟待加强相关技术研发及产业化工作的推进。传统的湿法回收工艺需要进行技术升级，进一步提升报废动力电池资源再生的环保性和回收效率，避免高能耗和二次污染，同时需要开展高端环保低能耗回收利用技术，提高我国报废动力电池资源再生领域的国际技术竞争力。

综上，退役车用动力电池梯次及资源再生利用技术和产业处于快速发展期，应完善相关政策及标准法规，加快关键技术攻关，为我国动力电池产业的绿色发展助力。

循环经济下的新能源汽车动力电池回收利用

李边卓　中国循环经济协会　副会长

发展循环经济是我国经济社会发展的一项重大战略。"十四五"时期我国进入新发展阶段，开启全面建设社会主义现代化国家新征程。大力发展循环经济，推动资源节约集约利用，构建资源循环产业体系和废旧物资循环利用体系，对保障国家资源安全，推动实现碳达峰、碳中和，促进生态文明建设具有重大意义。循环经济是一种以资源的高效利用和循环利用为核心，以"减量化、再利用、资源化"为原则，以低消耗、低排放、高效率为基本特征，符合可持续发展理念的经济增长模式，是对"大量生产、大量消费、大量废弃"的传统增长模式的根本变革。新能源作为碳中和的主要产业构成部分，其目标是构建环境友好型、资源闭环型的产业形态，最终降低碳排放总量。

我国既是全球最大新能源汽车生产国，也是全球最大新能源汽车市场。动力电池是新能源汽车核心部件，动力电池的回收利用是实现产业链可持续发展的重要一环。大量的废旧动力电池若不处理或处理不当，会严重污染环境，危害人体健康，也带来巨大的安全风险。动力电池主要材料中虽然不含汞、镉、铅等毒害性较大的重金属元素，但在正极、电解液等多种材料中也含有钴、镍、铜、锰、有机碳酸酯等具有一定毒害性的化学物质，部分难降解的有机溶剂及其分解和水解产物会对大气、水、土壤造成严重污染并对生态系统产生破坏；钴、镍、铜等重金属在环境中的富集效应最终会对人类健康带来损害。另一方面，动力电池中含有大量可回收的高价值金属，如锂、钴、镍等，回收后能够产生较大的经济效益，促进节能减排。因此，实现对新能源汽车动力电池回收利用也是大力发展循环经济。

2021年，我国动力电池装车量累计154.5GW·h，同比增长142.8%，占全球总装车量的52.1%。2022年1—5月，我国动力电池产业继续呈现高速增长态势，装车量累计83.1GW·h，同比增长100.8%。数据显示，2020年国内累计退役的动力电池超过20万t（约25GW·h），市场规模达到100亿元。预计到2027年，我国的电池回收量预计会达到历史最高的78万吨，这一数据也意味着，在未来五年内，我国的电池回收利用行业将会迈入发展的最佳时机，行业的规模会达到2262亿元。近日，人民日报连发三篇文章评价动力电池回收利用市场。一时间，动力电池回收利用再次成为市场讨论的热点话题。

随着我国新能源汽车动力电池回收利用行业高速发展，但也同时面临着一些突出问题：

（1）废旧动力电池回收利用政策实施约束力不足。目前，国家和地方已出台的关于废旧动力电池回收利用的政策措施均属于行政性文件，尽管明确了回收利用的主体责任，但是没有法律约束，导致难以保障相关主体责任的落实。现实情况是，仅有少量退役动力电池进入规范企业名单，大量退役动力电池流入"黑作坊"等非正规渠道。

（2）梯次利用企业及梯次产品缺乏市场引导。目前，梯次利用市场处于加速探索期，企业大多数追逐利益，面向不同的消费群体开发梯次产品，部分企业开发充电宝等小型化梯次产品，导致这类产品应用领域分散且报废后再回收难度增大。市场上的梯次产品生产企业技术、管理水平参差不齐，梯次产品安全及环保隐患较大。

（3）动力电池回收服务网点建设运营不完善。部分新能源汽车企业为了满足政策要求，主要关注动力电池回收服务网点申报的数量和覆盖，对动力电池网点服务的建设质量不够重视。此外，动力电池回收服务网点实际回收的退役动力电池低于预期，动力电池回收服务网点利用效率较低，尚未能实现盈利，导致企业建设动力电池回收服务网点意愿不高。

（4）亟需出台新能源汽车动力回收利用管理办法及行业标准。2022 年 6 月，工业和信息化部节能与综合利用司在落实重点人大建议和政协提案办理工作，并到中国铁塔公司开展专题调研时提到，要系统总结退役动力电池回收利用试点经验，坚持问题导向，会同相关部门，加快研究制定《新能源汽车动力蓄电池回收利用管理办法》和行业亟需的标准，加大动力电池高效再生利用等关键技术攻关和推广应用力度，持续实施动力电池综合利用行业规范管理，培育壮大行业骨干企业，推广成熟商业模式，不断健全回收利用体系，提高动力电池回收利用水平。

近年来，我国大力支持动力电池回收利用产业发展，出台了一系列支持政策：

2020 年 11 月，国务院出台《新能源汽车产业发展规划（2021—2035）》，指出推动动力电池全价值链发展，建设动力电池高效循环利用体系；加快推动动力电池回收利用立法等规划。

2021 年 7 月 7 日，《"十四五"循环经济发展规划》正式出台。其中，废旧动力电池循环利用行动是发展规划重点行动之一。

2022 年 1 月，工业和信息化部等八部门出台《关于加快推动工业资源综合利用的实施方案》，其中提出完善废旧动力电池回收利用体系。完善管理制度，强化新能源汽车动力电池全生命周期溯源管理。推动产业链上下游合作共建回收渠道，构建跨区域回收利用体系。推进废旧动力电池在备电、充换电等领域安全梯次应用。

在共同探讨循环经济下，对中国新能源电池回收利用产业高质量发展提出以下几点建议和举措：

（1）加快构建动力电池区域性回收示范中心。动力电池"退役潮"即将来临，依照《新能源汽车动力蓄电池回收服务网点建设和运营指南》要求，目前责任企业设立的回收服务网点建设成本较高，使用频率较低，网点收集效果不明显。建议各省通过主管部门牵头，统筹区域分配，逐步建立若干大型废旧电池区域回收中心，以共建共享为支撑，并依托数字化平台管理模式，以现有回收服务网点为衔接，建立"一对多"链接模式，有效盘活现有网点资源，并提高废旧电池的运转效率。

（2）提升"新能源废旧动力蓄电池行业规范"企业产业链优势。动力电池回收利用工作已明确列入《中华人民共和国固体废物污染环境防治法》文件规定，具备上位法约束力，但缺乏具有针对性和可操作性的监管措施，仍未形成对退役动力电池的回收利用环节进行有力的监督。当下，废旧动力电池并未强制流向"行业规范"企业，甚至部分企业采取"价高者得"的方式，导致部分电池流入"小作坊"企业。而许多"小作坊"企业在不具备环保安全以及技术的保障下，进行电池的拆解处理，带来巨大的环保风险和安全隐患。建议国家主管部门一方面应加强规范企业培育、动态监管及建立科学合理的退出机制，保障规范企业的示范带头作用，另一方面逐步强化规范企业的产业链优势，提高企业市场竞争力。

（3）强化行业企业应对市场能力。目前电池原材料价格一路飙升，整体态势难以预估。为进一步提高市场竞争力，动力电池综合利用企业应积极加强上下游企业供需对接，通过签订长期协议方面形成链内循环，做好动力电池资源材料的保障工作，形成产业链的基本闭环。

（4）研究探讨动力蓄电池残值计算方式，共享电池数据信息。由于行业信息保密等原因，部分整机厂或电池商家不愿意共享电池相关信息。此外，部分企业采取"观望模式"积攒电池，导致电池长时间停放，无法梯次利用。建议探索统一电池残值计算方式，开发梯次电池快速检测手段，提高梯次电池的检测效率；开展全寿命状态估计算法研究，并增加寿命预测功能；加快研究退役电池的主动延寿技术，同时积极开展内短路、热滥用的"预警、防控、消防"多级安全监控技术研究，保障梯次电池应用的安全性。同时，鼓励企业共享废旧电池相关信息，提高废旧电池梯级利用率。

退役电池梯次利用产品痛点及应对措施研究

王子冬 中国汽车动力电池产业创新联盟 副秘书长

一、发展新能源汽车要符合循环经济资源利用等级制度去利用资源

我们发展新能源汽车的初心是为了保护我们赖以生存的地球，因此，我们就要考虑在发展过程中不能造成新的污染。要按照人类可持续发展的道路去往前走，那就要符合循环经济资源利用等级制度去利用资源，按照"拒绝消耗、重新思考、重新设计→减少使用、重复使用→保留产品的原来功能重新利用→拆解、堆肥、原材料级别回收→残余物处理→焚烧、填埋（不可接受方式）"的方式进行。

其中有几个重要的理念：一是尽可能减少使用量；二是必须考虑重新利用的可能性；三是可以拆解，进行材料级别的回收再利用。

随着近几年新能源汽车的增长，特别是纯电动汽车的爆发式增长，动力电池的产销量也不断扩大。与此同时，更换下来的动力电池系统也即将迎来一个小高峰。

对于使用寿命超过 15 年的锂电池，在无法满足电动汽车继续使用要求的情况下，并不是就没有利用价值了。可以按照电池能量的不同，被再次利用在储能或者其他相关的供电基站以及路灯、低速电动车、备用电源上，最后进入材料回收体系。这也是业内所称的动力电池再利用或梯次利用，我个人建议叫主动的多级利用。

二、动力电池梯次利用的想法很好，在实际操作上仍存在不少的问题

从电动汽车上退役下来的动力电池被梯次利用的时候，因为电池的一致性与新电池相比差距很大，所以对重新成组使用造成了很大障碍。同时，电池的容量、电压等在梯次利用时，会在比较少的循环次数后出现突然跳水式的下跌，对后期使用造成极大的安全隐患。

此外，包括国家电网、各地政府、电池企业等企事业单位纷纷开展动力电池梯次利用的研究，虽然取得了一定进展，但目前仍属于小规模探索阶段，尚未形成系统的产业链，对未来动力电池大规模梯次利用难以支撑，特别是

成本和安全性问题。

全球各国都在积极开展动力电池梯次利用方面的实验研究和工程应用，其中美国、德国和日本等国家走得比较早，并且已经有一些成功应用的工程和商业项目。

造成回收难问题主要原因是：动力电池规格型号太多，结构种类不同，连接方式不同，材料体系不同，正规渠道收不上来电池，回收过程中存在安全隐患，回收过程能耗高，以及存在污染物排放等问题。

三、要从梯次再利用方便性角度、回收方便性角度及材料体系选择角度等方面开展标准化工作

1. 问题产生的原因

（1）整车企业和动力电池生产企业对车规级动力电池的理解不到位，一味追求电池的能量密度，对车规级动力电池的结构设计和性能要求不了解。

（2）整车企业和动力电池生产企业对行业发展的合力认识不够，整车企业各自为政，没有大局观，动力电池标准化工作推动缓慢。

（3）在进行产业引导时，主管部门相应法规出台慢，导致产业前期无序发展，后期管理难度加大。

2. 解决问题的思路

主动的多级利用最重要的是应该根据梯次再利用的方便性并从回收方便性的角度，来考虑如何设计动力电池的结构和选择动力电池的材料体系，尽快完成我国车用动力电池标准化工作。这样我们才能真正在新能源汽车领域走在世界的前列，否则就会陷入起大早赶晚集的被动局面。

四、探索低能耗、低碳的回收新工艺

目前的电池回收工艺普遍存在能耗高、有污染的问题。为解决这些问题，行业同仁进行了多年的努力，积极寻找低能耗、低碳的回收工艺，例如：自动化电池模组装配流程——工艺正向组装流程，可自动化完成单个电池模组的组装及相关检测；电池模组逆向自动化拆解及相关检测。

上述做法有三个好处，一是解决了动力电池在梯次利用过程中高成本应用难题；二是电池报废回收处理过程中采用的是物理拆解，大幅度降低了电

池回收处理过程中的能耗和污染物的排放，实现了低碳回收；三是采用动力电池智能管理芯片后，可以避免出现动力电池在使用过程中的突然跳水式的下跌状况，并有效避免动力电池出现安全事故。

但仍有几个难点需要注意：一是电池结构设计的标准化，电池模块可实现自动化组装和拆解技术；二是回收得到的正、负极材料的修复再利用技术。希望大家多进行这种低碳的回收方法研究和创新，让我们的新能源汽车能够真正成为市场的主角。

退役电池的资源化技术研究进展与应用

孙峙　中国科学院过程工程研究所环境技术与工程研究部　主任

我国新能源锂电行业发展迅速，2021 年我国电动汽车销售量达到 350 万辆，存量超过 800 万辆，电动二轮车存量超过 3.5 亿辆。尤其是受双碳政策影响，我国已成为全球最大的锂电生产和消费国，市场份额占全球 50% 以上。动力电池的平均寿命为 8~10 年，我国将率先面临大规模锂电退役，2020 年我国动力电池累计退役总量约 20 万 t，而到 2025 年退役动力电池总量将升至约 78 万 t。我国长期处于缺钴贫锂少镍的现状，退役动力电池是赋存镍钴锰锂等关键金属的重要二次资源，因此迫切需要突破退役锂电的高值资源化技术瓶颈，保障资源供给安全，应对我国新能源行业可持续发展面临的巨大挑战。

退役动力电池结构复杂、成分多变，除含有上述有价金属外，还含有电解液等毒害物质和低值伴生元素。其循环利用涵盖退役锂电的收集、储存、运输、梯次利用、拆解分选、再生利用、污染控制等多个环节，循环利用流程长，复杂度高，具有显著的学科交叉特征。其中研究最广泛、关注度最高的是退役锂电/锂电废料的再生利用环节。目前退役电池资源化技术主要分为三种：湿法冶金、火法冶金和直接再生。图 1 列出了三种不同工艺过程可回收的有价金属元素及其构成的电池材料回收闭环。

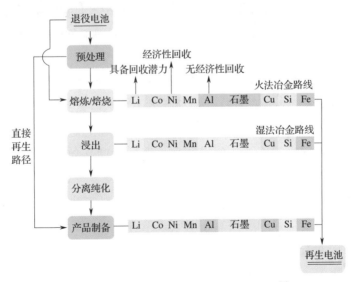

图 1　典型退役锂离子电池资源化工艺过程[5]

传统的火法冶金工艺通过熔炼富集废弃物中的 Ni、Co 等有价金属，并将 Mn、Li、Al 等转移至渣相中，而后通过湿法冶金工艺对其中的有价金属进行提取。典型的工艺即为优美科的回收工艺。传统的湿法冶金工艺一般包括浸出、萃取、沉淀、产品制备等工艺方法。火法冶金过程不需要预处理，但能耗高，易排放有毒有害气体，存在较大的环境风险。湿法冶金过程较为成熟，具有低能耗、高回收率等优点，在国内市场应用较多。

近年来，锂离子电池的回收利用热度不断提高，相关研究机构和企业在技术方面取得众多进展。

从资源提取角度，研究主要分为两个阶段：早期的金属元素全浸出和近期的优先提锂为核心的金属梯级提取；中科院过程所等单位在这方面做了大量推动工作，开发了针对钴酸锂、三元、磷酸铁锂、锰酸锂等不同废料的选择性提锂技术路线，构成了基础 – 技术 – 装备的较系统研究链条，退役锂电循环利用的龙头企业也在积极推动相关技术产业化落地，为行业技术进步起到了重要的推动作用。通过优先提锂，可以显著缩短锂回收流程和提高锂的综合回收效率，并进一步缩短整个锂电的回收流程，对过程减污降碳具有重要意义。

从总体回收效率角度考虑，提高退役电芯预处理阶段的技术水平，实现更精细化分选是目前行业的发展方向。前期工作中中科院过程所等单位提出梯级热解 – 精细分选的技术思路：规避预处理过程中大量毒害溶剂挥发等问题，提高黑粉解离效率和降低杂质元素含量，并可以实现正负极粉料的高效分选。另外，免放电破碎技术也受到行业的关注，但主要在磷酸铁锂电池等方面进行了尝试，在安全性、物料适应性以及经济性等方面仍在进行攻关推进。

从减污降碳方面考虑，提高介质循环效率，推动氨氮、高盐、高 COD 废水处理及资源化利用具有重要意义；加强废盐、含重金属废渣、废石墨等利用也势在必行；同时需要关注所得产品的碳足迹以及全过程的碳排放情况，进一步提高行业技术水平。

综上所述，退役电池资源化技术已有较多的研究基础和积累，但仍有很多环节和问题需要加强和解决。在双碳政策背景下，我国动力电池全产业链面临新的挑战和需求，锂离子电池作为关键的动力和储能部件，其高值资源化利用至关重要，如何从资源安全保障、资源高效利用、过程零碳排放保障行业的可持续发展，助力我国能源材料全球领先地位，需要新一代全产业链绿色制造技术（图 2）。建议从如下方面进一步推进技术完善和应用：①退役锂电梯度热解 – 精准分选技术与装备；②复杂镍钴锂废料低碳高值资源化利用技术；③正 / 负极材料温和修复再生技术；④锂电材料全产业链水 – 气 – 固优化集成技术；⑤新能源金属资源利用全产业链特征数据库及标准体系的建立。

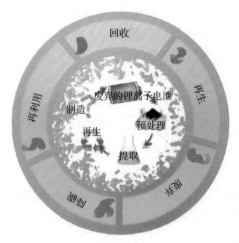

图 2　退役电池资源化全产业链技术原则 [5]

锂离子电池关键材料产业发展趋势

卢世刚　上海大学材料基因组工程研究院　教授

锂离子电池关键材料包括正极材料、负极材料、电解液和隔膜材料，是支撑锂离子电池发展的基础性材料。目前，锂离子电池关键材料的生产主要集中在中国、日本和韩国，我国已建成的产业规模位居第一位。根据 EVTank 数据显示，2021 年我国正极材料、负极材料、电解液和隔膜材料出货量分别为 109.4 万 t、77.9 万 t、50.7 万 t 和 80.6 亿 m^2，在全球出货量中所占比例逾七成。从未来发展趋势看，风能、太阳能等新能源利用中的电力存储和新能源汽车既是锂离子电池发展的根本动力，也是关键材料技术和产业发展的根本动力。

未来 5~10 年，新能源和新能源汽车将迈向大规模应用发展阶段，推动建成以新能源为主体的新型能源体系和以纯电动汽车占主流的汽车产业体系，支撑我国能源和汽车行业实现"碳中和、碳达峰"的战略目标。锂离子电池是新能源汽车动力电池的主流技术路线，也是支持新能源大规模商业化应用的新型储能技术的主流方向，预计未来 5~10 年将加速发展，成为支撑实现新能源和新能源汽车战略目标的关键性的基础产业[8-9]。在此情形下，锂离子电池关键材料产业正在迈向新发展阶段，世界各国正在加强自主可控的产业链建设，技术创新成为产业发展高质量的根本动力，碳排放约束正在加速产业低碳绿色的发展进程，而电池回收利用正在成为关键材料可持续发展的根本保障。

一、各国政府加强支持关键材料发展，加速建设本地化的电池产业体系。

2021 年 6 月，美国发布《2021—2030 年锂电池国家蓝图》，全面阐述了面向 2030 年从矿产资源保障到电池回收利用的锂电全产业链发展战略，在加强美国在关键材料领域国际领先地位的同时，把加快建成具有国际竞争力的自主可控产业链作为优先战略目标和任务，保障锂离子电池的矿产资源、关键材料、重要产品不依赖于其他国家。欧盟正在加快创建可持续发展的电池价值链，2017 年设立欧洲电池联盟，2020 年发布的《电池 2030+》提出着力打造关键材料到电池界面基因组和智能制造、电池回收的技术和创新平台。2021 年，日本和韩国政府也相继发布电池未来发展的行动计划，支持以固态电池为代表的下一代电池技术和产业创新，增强竞争力。可以看出，各国政府立足于电池技术是能源体系未来的重要组成部分，把构建包含关键材料在内的具有竞争力的产业链作为战略任务，大大强化电池产业链的自主可控。2021 年 7 月，国家发展改革委和国家能源局发布《关于加快推动新型储能发展的指导意见》，确立 2030 年"新型储能成为能源领域碳达峰碳中和的关键支撑之一"的发展目标，提出了"推动锂离子电池等相对成熟新型储能技术成本持续下降和商业化规模应用"的发展任务，着力推动我国在锂离子电池及其关键材料产业保持国际领先优势。

二、关键材料向高性能化、尖精化发展，产业高质量发展成为重要趋势

一方面不断突破现有性能指标极限，高性能关键材料成为重要趋势。不断突破氧化物和磷酸盐正极材料的高电压限制，耐高氧化电位（$\geq 4.5V$）有机电解液和耐高温（$\geq 250℃$）涂层隔膜的发展与应用，将持续提升锂离子电池能量密度、安全性和可靠性；超长寿命（循环次数 > 10000 次）锂离子电池是储能和动力电池的主流方向，大幅提升性能效率、稳定性、可靠性是材料技术发展需要解决的关键问题。另一方面，高端材料性能不断完善及其应用发展成为趋势。高比容量的高镍三元材料 $LiNi_xCo_yMn_zO_2$（$x \geq 0.6$）、硅碳复合材料商业化应用规模正在不断增长，比能量 $\geq 300W \cdot h/kg$ 锂离子电池实现大规模应用，促进纯电动汽车行驶里程超过 500km 成为主流方向；发展低钴、低镍或无钴、无镍的电极材料成为关键材料的热点方向，预期将大幅度降低电池成本，提升资源保障程度。此外，面向高性能化、尖精化的发展趋势，关键材料的大规模制造将加速向智能化、数字化方向发展，促进产业迈向高质量发展的新阶段。

三、减碳减排是关键材料发展的紧迫任务，产业绿色低碳发展明显加速

2020 年 12 月，欧盟发布的《欧盟电池法规》提出了"生命周期碳足迹"的强制性新规定[10]，要求所有进入欧盟市场容量大于 $2kW \cdot h$ 的电池产品，2024 年 7 月包含碳足迹声明，2026 年 7 月加贴碳足迹性能等级标签，2027 年碳足迹低于欧盟规定最大限制阈值。我国相关行业正在组织研究"双碳"目标下电池产业减碳减排的发展战略，推动构建碳足迹的标准和法规体系。据有关机构初步测算，关键材料生产是锂离子电池碳排放的主要来源，三元材料锂电池和磷酸铁锂电池生产碳排放量分别为 5.06 万 t/GW · h 和 5.23 万 t/GW · h，其中关键材料生产的碳排放量占比均超过 70%。当前，电池行业骨

干企业正在采取利用风电/光伏等绿色电力、加强制造过程技术创新和供应链碳足迹管理等措施，推动产业向低碳绿色方向加速发展。

四、电池回收利用产业加快发展，将为关键材料产业发展提供资源保障

加快电池回收利用体系建设是各国政府强化电池产业链自主可控的重要组成部分。《欧盟电池法规》要求 2030 年锂的回收水平＞ 70%、镍和钴＞ 95%，要求逐步提高在正负极活性材料中使用再生材料锂、钴、镍的比例。美国、德国构建了完善的法律体系框架，日本在回收利用废旧电池领域较为领先，特斯拉、宝马、丰田等汽车企业积极投入电池回收利用领域。自 2018 年以来，我国逐步完善电池回收利用的政策管理和标准体系，推动梯级利用、回收利用的技术研发、产业示范，电池回收体系和产业建设初具规模。有分析认为，2025 年我国电池回收利用预计达到 118GW·h，2030 年之后电池材料回收利用将形成规模，长期发展将逐步替代矿产资源，为锂离子电池及其关键材料的可持续发展提供重要的资源保障。

五、新材料正在推动下一代电池产业发展

硫化物、氧化物、卤化物和有机聚合物等固态电解质从材料研发向应用研究、产业化发展，推动液态锂离子电池向固液混合电池、全固态电池发展，下一代电池将兼顾高比能量和高安全性。我国自主研发的固液混合锂离子电池采用金属锂为负极材料、高镍三元材料为正极材料，比能量达到了 360W·h/kg，2025 年达到 400W·h/kg，预计 2030 年将从固液混合电池迈向全固态电池。另一方面，新型正极材料、负极材料和电解液将推动下一代锂离子电池的比能量提高到 500W·h/kg，其中正极材料以富锂锰基氧化物（比容量 ≥ 300mA·h/g）为代表，负极材料以硅基复合材料（比容量 ≥ 600mA·h/g）为代表，技术发展方向是提升材料结构稳定性和循环性能[10]。此外，新体系电池及其关键材料性能不断提升，钠离子电池实现了产业化，锂硫电池、锂空气电池等成为下一代电池技术和产业发展的重要方向。

综上，面向"双碳"战略目标，新能源和新能源汽车将加速发展，锂离子电池及其关键材料已经成为世界各国竞争的战略任务，以技术创新为关键推动力，加强法规、政策、标准的支持力度，实现产业迈向高质量发展、低碳绿色发展、创新协同发展的新阶段，已经成为锂离子电池关键材料产业发展趋势。

华友循环携手新能源车企
共建退役动力电池综合利用生态圈

鲍伟 浙江华友钴业股份有限公司 总裁助理；

浙江华友循环科技有限公司 总经理；

江苏华友能源科技有限公司 董事长、总经理

一、行业发展取得初步成效

1. 促进行业规范化、阳光化

近年来，随着国家相关管理办法的密集出台，在国家和各省主管部门加强溯源履责监管力度下，前后认定了三批共四十五家规范企业，在行业龙头规范企业大规模投入产能建设和技术研发的发展过程中，退役动力电池的安全、环保处置取得了明显的成效，消除了社会的担忧，为新能源汽车产业健康可持续发展保驾护航，助力退役动力电池回收利用行业绿色高质量发展。

2. 助力产业链上下游降本增效

退役动力电池的回收处置已从原本"产废者"付费处置，实现"回收利用企业"付费回收的转变，通过梯次利用和再生利用，可使动力电池的使用成本减少 20% 以上。从退役动力电池综合利用实际产生的价值来看，无论是在环保环节、减碳环节还是在降本环节，其的确已为新能源汽车产业链相关企业带来非常可观的额外效益。

二、华友循环探索形成了有效的、可复制的商业模式

华友循环携手汽车生产企业共建退役动力电池综合利用生态圈，推动"梯次利用合作研发运营""废料换再生材料""减碳效能分享""后市场生态服务"等创新模式的实施，解决客户的痛点，与客户开创共建、共享、共赢的新格局。

1. 与新能源汽车生产企业共同开发梯次利用商业场景与市场运营

随着锂电池寿命的持续增加及车电分离、换电模式的发展，可梯次利用的电池比例也将越来越大，越来越被汽车市场企业重视，同时梯次利用的安全性、经济性和可回收性一直备受汽车生产企业关注。华友循环子公司江苏华友能源科技公司（以下简称"华友能源"）为解决梯次利用的相关问题，

自主开发完成退役电池健康度云平台检测系统、核心电池控制系统技术研发及产品打造、创新梯次产品运营系统及租赁 APP 实践、梯次产品大数据网络运营平台四大系统，有效地解决了梯次产品的安全性、经济性和再回收等问题。

华友能源以共同技术研发、共同运营、共用平台的方式与客户合作，客户提供退役电池和历史数据，华友能源负责产品设计、产品制造、产品自持租赁运营，双方数据共享、利润分享。梯次完成后的产品又回到华友的再生利用体系，确保最终的合规、安全和环保的回收利用，履行社会责任和实现资源回收。目前已开发和服务的领域有：两轮车、三轮车等低速电动车；环卫车、叉车；5G 无人车；通信备电；光储充一体化等。华友循环完成退役电池从梯次利用到移动矿山的生态建设。退役电池梯次利用的发展，创造了新的价值，完善了动力电池全生命周期的价值链，使新能源汽车动力电池全生命周期的成本降低，有利于行业的发展。

2. 与新能源汽车生产企业合作提供再生资源保障和共同探索减少碳排放路径，确保产业绿色、可持续发展

国内镍、钴、锂资源缺乏，随着新能源汽车的不断发展，面对如此巨大的动力电池市场需求，其原材料的供应也将成为行业的关切点。报废动力电池经拆解破碎后的电池粉料中含锂、钴、镍等稀有金属采用先进技术的高比例进行回收利用，不仅能减轻对矿产资源的开采压力和依赖，而且能充分挖掘并利用移动矿产资源，是缓解动力电池原材料短缺的重要途径，已经成为上下游产业链企业争相布局的不可或缺的环节。

在汽车产业推动实现"碳达峰、碳中和"目标步伐加快的背景下，新能源汽车全产业链的碳减排也成为车企关注焦点。特别是中国《"十四五"循环经济发展规划》明确了"十四五"循环经济发展的重点任务包括：构建资源循环型产业体系，加强资源综合利用，提高资源利用效率。同时欧盟 2020 年提出的《欧盟电池与废电池法规》规定从 2024 年 7 月起，电动汽车电池制造商和供应商须提供碳足迹声明，到 2027 年 7 月将出台电池最大碳足迹限制，追溯动力电池原材料的碳排放，以推动全球新能源汽车绿色供应链的可持续发展。

目前，华友循环与汽车生产企业实现并打通"废料换再生材料"的闭环模式，由汽车生产企业向华友提供退役动力电池，华友向汽车生产企业提供

等量金属的锂电原材料到客户指定的电池厂，互相保障资源供应。同时共同探索在退役电池运输、检测、再制造、梯次利用和再生利用、材料制造等各领域的碳减排措施。

华友本着"合作共赢"的开放式合作理念，在合作模式上也秉持"自主平等，灵活多样"的原则，首先在降低双方制造成本、建立新能源汽车动力电池材料闭环产业链的同时，凸显效益；其次，利用华友全产业链优势向合作伙伴保证再生材料的供应同时，利用华友矿山资源优势，确保战略合作客户的材料保障；最后，再生材料的利用对碳减排的推进也有着重大意义，倡导可持续绿色制造，最终促进行业健康有序发展，助力产业链上下游的"降本增效减碳"。

3. 与新能源汽车生产企业共同探索锂电后市场生态服务新模式

新能源汽车动力电池系统与传统燃油汽车发动机不同，贮存在仓库里需要定时补电才能维持电池的性能，这个过程耗费不小的人力和物力。华友与车企合作参照国家及行业标准，严格地从退役电池中挑选出合格的电池进行再制造，作为维修保养备件，将会是新能源汽车后市场降低成本的重要手段。

未来，规范化的综合利用企业有机会成为新能源汽车后市场重要的合作伙伴。华友与整车企业、保险公司合作创建退役动力电池评估体系，探索二手新能源汽车动力电池的再保险，提升了新能源汽车的残值，更有利于新能源汽车的加速发展。

三、华友循环与产业链企业协同合作实践案例

宝马集团在中国的可持续发展战略以应对气候变化的碳减排措施、倡导循环经济以及企业社会责任为三大核心，目标是打造最绿色的电动车：从原材料、供应链、生产到回收利用，实现全生命周期的绿色环保。2022 年 5 月，华友循环携手宝马集团在新能源汽车领域，打造动力电池材料闭环回收与梯次利用的创新合作模式，首次实现国产电动汽车动力电池原材料闭环回收，并将分解后的原材料，例如镍、钴、锂等，提供给宝马的电池供应商，用于生产全新动力电池，实现动力电池原材料的闭环管理。通过双方的深化合作，退役动力电池的剩余价值将得到充分发挥，动力电池原材料开采及生产环节所产生的碳排放也将得以大幅降低。

丰田通商与华友循环结合双方的技术优势,在退役电池的快速分选异构兼容储能技术上,攻坚克难,致力突破技术瓶颈,提供动力电池梯次利用产业先进经验。为应对后续动力电池大规模退役的挑战,华友循环主动创造机遇,秉持开放合作、共赢未来的理念,与广汽商贸强强联合,共同布局梯次产品开发,把握时代机遇,规划未来版图。在退役电池综合利用方面,华友循环与大众中国开展全方位战略合作,共同构建回收利用体系,深耕回收利用技术,打造可推广的商业合作模式,加速再生利用对碳减排的效果实证。与蔚来汽车的通过知识产权授权使用合作的方式,开展梯次运营和再生循环合作,协助完善客户锂电池的全生命周期管理。

在与中国华电集团合作的梯次储能项目中,已交付在山东省内的2.2MW·h风光储充项目和华电北京办公大楼200kW·h的梯次储能项目。华友循环同时还有与一汽大众、上汽大众、上汽通用五菱等重要整车企业一起推动梯次产品在叉车领域上的应用,已交付多台叉车梯次产品应用于成都、广州、上海、佛山、柳州等工厂。华友循环与众多的国际、国内传统车企及造车新势力达成了合作,在乘用车企业客户退役电池的回收合作率全国第一,为重多的客户提供了多种形式的梯次利用与再生利用的合作模式,包括产品合作研发、产品定制、产品代工、共同运营、代运营、监管运营、代加工等,为客户带来了增值,为华友带来了资源,获得了行业广泛的好评。

华友循环通过产业链一体化的平台优势,借助梯次利用合作、废料再生材料模式创新、碳排放指标充分利用、后市场生态服务等不同领域的深度合作,与国内外整车企业建立了深度的合作共赢的关系。

随着相关管理制度的逐步完善,个人环保责任意识的提升,整车企业、运营企业、电池企业的合规意识及减碳意识的提高,退役电池经济性提升以及再生材料的需求促使车企有意愿地回收等相关因素,都将促使退役电池回收往更加规范的方向发展。华友循环与车企合作的模式,实现客户退役电池效益提升和再生利用企业的盈利,实现了双赢,打造了龙头回收利用企业的优势,同时建立了退役电池的回收门槛,相信在政策及法规的进一步完善下,退役动力蓄电池回收利用行业将会更规范、透明地发展。华友循环虽处于新能源汽车产业链的终端,但作为退役动力电池综合利用的引领者,正在以终为始,携手新能源车企共建退役动力电池综合利用生态圈,推动"移动矿山"资源的循环利用,保障新能源汽车产业的健康可持续发展。

"开采城市矿山 + 新能源材料"
双轨驱动新能源产业绿色低碳发展

张宇平　格林美股份有限公司　副总经理

一、背景介绍

1. 新能源汽车发展带来新能源材料旺盛的需求

中汽协数据显示，2021 年全年，我国新能源汽车产销分别完成 354.5 万辆和 352.1 万辆，同比均增长 1.6 倍，渗透率已达 13.4%。预计 2025 年汽车销量达到 3500 万辆，按照 20% 市场渗透率，新能源汽车需求将达 700 万辆，锂、钴、镍、锰需求分别达到 3.85 万 t、4.2 万 t、12.6 万 t 和 4.2 万 t。

全球汽车电动化可谓浪潮澎湃，势不可挡。据此推算，2025 年、2030 年全球（锂、钴、镍、锰等）金属需求较 2020 年金属需求分别上涨 6.1 倍、11.2 倍。全球的钴矿、镍矿、锂矿资源主要集中在刚果、印尼和智利等国家，其原矿开采量需要超千万吨以上，面对资源的巨量增长需求，新能源汽车产业的快速发展将导致资源供给面临严峻挑战，近期电池级镍钴锂材料猛涨的行情已经说明单一线性供应链模式已经出现难以为继的窘境。

2. 政策层面将新能源再生材料推向焦点

《欧盟电池新法》中提出到 2030 年，新电池法要求电池生产中 Co、Ni、Li 的再生材料使用量占比不得低于 12%、4%、4%；到 2035 年，Co、Ni、Li 的再生材料使用量占比不得低于 20%、12%、10%。新电池法实施方式的变革，将推动各大汽车企业对电池回收和再生材料利用方面做出明确表态并付诸行动。

《新能源汽车废旧动力蓄电池综合利用行业规范条件（2019 年本）》规定了再生锂、镍、钴的回收率不得低于 85%、98%、98%。

《资源综合利用企业所得税优惠目录（2021 版）》，提出了利用废旧电池再生为产品可获得一定的税收优惠政策。国家关于新能源的产业政策，大力推动了新能源的发展，并为后续的电池循环利用提供了政策保障。

二、现状分析

随着新能源市场的火爆，动力电池的价格飞涨。新能源汽车动力蓄电池装机量的快速攀升，全球锂、钴、镍金属资源稀缺及供需紧张程度呈现快速上升的趋势。在全球电动化战略目标的背景下，资源将面临无矿可开采。

1. 本轮材料上涨的主要原因

需求端方面：下游需求逐步释放，磷酸铁锂、三元材料开工率都已有所提升，今年新上的产量也在逐步释放中。

供应端方面：全球优质锂资源多已被开发且集中于头部企业，新开发项目难度大、周期长，产能释放不及预期，手握优质资源的头部企业放量谨慎，锂资源供给量中长期难有大幅释放。

战略层面：战略属性加强以及地缘政治因素，加剧了供应不确定性。

2. 未来的走势

短期来看，碳酸锂资源紧张的情况还将持续。2022年，在汽车电动化和"双碳"战略推动下，市场对动力、储能电池的需求将持续旺盛，势必刺激上游动力电池材料端整体保持高景气态势。

长期来看，锂金属价格会回归到正常区间。工业和信息化部3月16日组织召开锂行业探讨会，会议要求，产业链上下游企业要加强供需对接，协力形成长期、稳定的战略协作关系，共同引导锂盐价格理性回归，加大力度保障市场供应，更好支撑我国新能源汽车等战略性新兴产业健康发展。

三、破局之道

站在全球竞争和我国汽车产业发展角度看，要更加重视资源，掌控资源，无论是海外还是国内，无论是原矿还是回收，都需要坚持资源优先，基于镍钴锂资源的高度进口依赖度和当前国内庞大、先进的冶炼加工能力，可以借鉴再生铜铝的方式，适度开放镍钴废料的进口。借鉴欧盟做法，他们不单有专门管理电池的机构，还出台了《欧盟电池和废电池法规》，其中对镍钴锂等金属的回收率提出了明确要求，并从2025年开展碳足迹认证，这为全球市场提供了碳壁垒，我们要及早应对。

按照预测，到2025年我国累计退役电池量可达120万t，初步测算其中蕴含的镍钴锰锂金属可达20万t，与原矿品位相比，相当于一座千万吨级的矿山。我国作为镍钴锂资源加工利用和消费大国，要加大力度支持回收利用，给予产业扶持、引导和规范，要求生产者履行责任延伸制，按照谁生产谁负责的原则，考虑回收，鼓励生产企业与回收利用企业之间开展闭环合作。

通过对废旧动力电池的循环利用，可有效解决资源枯竭的问题。预计 2030 年通过回收全球动力电池可再生的锂、钴、镍、锰资源量分别约占当年需求量的 107%、107%、89%、161%。随着新能源汽车渗透率的进一步提高，从电池中回收的金属资源量将有效保障新能源汽车金属需求量，不仅能提升原材料自给率，降低对上游依赖性，构建各环节闭环运行模式，而且能实现资源循环利用，有效缓解镍、钴、锂等有价金属资源紧缺问题，是履行《欧盟电池新法》要求的重要体现。

四、双轨驱动

坚持"开采城市矿山＋新能源材料"双轨驱动的产业战略，通过建立资源循环模式和清洁能源材料模式来践行推进碳达峰、碳中和目标。"十四五"是绿色发展的时代，在碳达峰与碳中和的绿色转型背景下，资源模式与能源模式的转变将成为推动碳达峰、碳中和的重要抓手。资源模式的转变就是由过度开采自然资源转向循环资源，实施资源革命，全面迈入循环型社会。循环型社会的标志就是"70% 循环资源 +30% 自然资源"。能源模式的转变主要是由过度依赖化石能源转向非化石能源的新能源与清洁能源，实施能源革命。新能源汽车将全面替代燃油汽车，太阳能、风电、水电、核电等清洁能源将逐步替代火力发电。

"开采城市矿山＋新能源材料"双轨驱动发展战略就是新能源赛道上一次模式创新，推动资源模式变革与能源模式变革，不仅完全契合"十四五战略性新兴产业"中"新能源、新材料、绿色环保"等多种战略性新兴产业，而且完全契合"碳达峰碳中和"主频道，是符合绿色时代的产业，展示出了极大的市场空间与产业前景。

创新回收渠道，完善废旧电池再生利用闭环

崔星星 浙江天能新材料有限公司 总经理

伴随着动力电池"退役潮"的来临，动力电池回收行业成为炙手可热的新赛道。动力电池回收服务网络作为动力电池退役以后开启新生命周期旅程的第一站，对于保障退役动力电池的回收时效性、交易便利性有重要的意义，是连接产业链上下游的关键一环。浙江天能新材料有限公司（以下简称天能）作为符合《新能源汽车废旧动力蓄电池综合利用行业规范条件》要求的企业，积极响应国家"双碳"战略目标，大力推动动力电池回收服务网络建设，从回收渠道的搭建、处置链条的布局、物流网络的构建等几个方面进行了一些尝试和探索，为打造动力电池回收闭环生态圈贡献自己的力量。

一、回收渠道触达千家万户

1. 搭建"天网"逆回收渠道

天能作为电动两轮车电池领域的龙头企业，发展至今已经在全国范围内拥有超 3000 家一级代理（共赢商）、超 40 万家终端门店，建成了行业首屈一指的庞大营销网络。利用手中的渠道资源，打通回收的"最后一公里"，天能有得天独厚的优势。在电动两轮车电池回收方面，天能的终端门店通过"以旧换新"将电池从消费者处收上来，再由当地共赢商收集并暂存，最后统一运送至天能综合处置基地，形成了一个完整的回收网络。在汽车动力电池回收领域，我们也利用已有的经验和优势，创新性地拓展回收服务网络，并取得了一定的成绩。我们扶持了一批有条件的共赢商，引导他们将现有存储场地改造成回收服务网点，该网点不仅可以存放新能源汽车退役动力电池，也可以存放退役电动两轮车电池乃至 3C 数码电池。这种模式不仅省去了重新租用场地、配置设备所需的大量投资，而且通过拓宽回收场景，丰富废旧电池回收种类，弥补了汽车动力电池回收量不足造成的困境。

2. 打造区域"破烂王"生态群

天能除了利用自身的渠道优势，也在发掘各地现有的回收网络资源，寻求与他们建立合作。比如每个城市都有一些以回收废铜烂铁为生的回收站，

他们在当地深耕多年，都有比较庞大的回收渠道和存储场地，也往往能掌握当地动力电池退役的第一手信息。对于退役动力电池，他们虽然有回收的意愿，但却又因为信息的匮乏不敢收、资质的欠缺不能收。通过与天能的合作，天能可以在电池定价、资质完善、网点改造等方面给予指导和支持，引导他们走向合规化，进而成为天能在当地的回收网点。天能通过这种合作将回收服务网络下沉，延伸到了城乡的每一个角落。

3. 开辟互联网"云回收"新赛道

在互联网时代，线下回收已不能满足人们的需求，如何打通互联网回收渠道一直是天能思考的问题，为此我们也进行了一些探索。例如，我们开发了"铅蛋系统"App，目前已在两轮车电池回收业务上全线铺开，消费者在App 上可以查看旧电池的抵扣价并完成新电池的下单，然后在线下门店完成新电池安装和旧电池移交。通过这款 App，我们在行业内率先实现了线上 – 线下相结合的互联网回收新模式，该系统也成为浙江省非标两轮车淘汰置换行动指定平台。为了在汽车动力电池回收领域复制这一模式，我们正在和新能源汽车企业洽谈，相信在不久的将来，新能源车主同样可以线上预约，然后到就近的 4S 店完成动力电池的更换和回收，再也不用担心旧电池不知如何处置以及回收价格不透明的问题。

4. 探索"捆绑共赢"回收新模式

根据《新能源汽车动力蓄电池回收利用管理暂行办法》：汽车生产企业承担动力电池回收的主体责任，相关企业在各环节履行相应责任。但车企主业在于卖车，作为电池回收的第一责任方，回收意愿却不足，往往将电池回收直接委托给第三方回收企业，自身利益很难得到保证。为此，天能一直在探索如何同车企建立利益共享机制，强化战略绑定关系。比如，最近我们正在同一家大型车企洽谈成立合资公司，车上退役下来的动力电池首先进入合资公司进行梯次利用，梯次利用以后再由天能回收进行再生利用。双方将共同探索梯次利用商业模式，推动梯次产品用于低速三轮、两轮电动车以及其他储能、备电项目，从而为双方创造更大的商业价值。通过这种利益共享机制，将在回收企业和车企之间搭建一个良性合作平台，不仅有效解决了车企回收意愿不足的问题，而且实现了电池残值的充分利用及回收收益的最大化。

二、处置链条形成科学布局

回收服务网点的作用毕竟只是收集和暂存，处置端作为回收服务网络的终点站，同样发挥着不可或缺的作用。科学合理的处置链条能够帮助企业降低物流成本，提高回收时效性，进而提升行业竞争力。天能目前在浙江湖州建有 2.3 万 t/ 年处理能力的综合利用工厂，集梯级利用、干法破碎、湿法冶炼三大处置能力为一体。今年初，我们又在江苏省滨海县投资在建 1 个年处理退役动力电池 10 万 t 规模的处置基地，进一步扩充在华东区域的综合利用产能。未来 3 年，我们计划在新能源汽车主要集中地——华北、华中、华南、西南四大区域各建立 1 个兼具报废汽车拆解、电池包拆解、干法破碎等功能的电池预处理基地，就近回收该区域的退役动力电池。我们希望通过这样一种布局，来实现资源循环利用效率的最大化以及经济性与高效性的统一。

三、自有物流确保安全畅达

如果说回收服务网点和处置基地是一个个孤立的"点"，那么还需一条条"线"将其连接起来才能构成一张健全的回收服务网络，这一条条线便是物流。天能做自有物流有着自身独特的背景，天能每年卖出 3 亿多只电池，营销渠道几乎覆盖到全国每一个乡镇。如何保证物流的时效性和安全性，对于业务部门来说一直都是极大的考验，于是天畅供应链应运而生了。天畅供应链作为天能旗下物流平台，承担着集团内几乎全部的物流运输任务，涵盖形形色色上百种货物，其中不乏废旧铅蓄电池以及硫酸等危险废物或者危化品。针对退役动力电池的运输，天畅供应链定制了专用车辆，在安全性设计上进行了特殊考虑，例如在车上配置了烟雾报警装置和危险电池防爆箱，能够有效阻断运输途中可能发生的安全和环保风险。同时能够根据客户的需求，随时提供回收服务，降低客户长时间存储的成本和风险。

结语

动力电池回收利用事关新能源汽车产业的可持续发展，而回收服务网络事关动力电池回收利用的成败。目前行业正处于发展初期，问题和挑战不可避免，需要产业链上下游企业共同努力，相向而行。应用发展的眼光来看待问题，用创新的思维来解决问题，通过不断完善动力电池回收体系，为行业发展赋能，服务"双碳"战略。

退役动力电池无害化处理及精细化定向分离技术

区汉成　赣州市豪鹏科技有限公司　总经理

当前在全球双碳背景下，新能源汽车得到了空前的发展机遇，未来新能源汽车逐步取代燃油汽车是必然的，新能源行业赛道孕育着巨大的市场发展契机。锂离子电池因其容量高、比能量大、自放电率小和使用循环性能好等优点被广泛应用，也是新能源汽车整个产业链中最关键的环节，其占据新能源汽车约 40% 的成本。得益于中国对新能源汽车产业的扶持，锂电池行业的发展从实现国产化的突破到成为全球霸主，完成了从政策扶持到市场竞争的转变，为中国新能源汽车换道超车奠定了坚实的基础。

锂离子电池的使用寿命普遍在 3~5 年，随着锂离子电池消费量的不断攀升，退役锂离子电池的数量也急剧增加。据统计，到 2023 年，锂电池退役量将达到 101GW·h，累积报废总量将接近 120 万 t。面对如此巨大的报废量，如果处置或者回收不当，锂电池中含有的电解液和重金属物质将会对人类健康和生活环境造成难以想象的危害。因此，如何正确地处置退役锂电池，消除环境污染，合理利用退役锂电池的有价成分，实现资源的综合回收利用，成为近几年国内外学者研究关注的热点。

退役锂电池主要由壳体、电解液、隔膜、正极材料（铝片和稀有金属）和负极材料（铜片和石墨）等材料组成，正极材料常见的有碳酸锂、镍钴锰酸锂、磷酸铁锂和镍钴铝酸锂等金属氧化物，以三元镍钴锰酸锂 523 型锂离子电池为例，该类电池正极材料中含镍占 33%，钴占 9%，锰占 16%，锂占 7.5%，负极材料常见的为石墨，电解液主要由碳酸乙烯酯、碳酸丙烯酯、碳酸二乙酯等有机溶剂和电解液 $LiPF_6$ 等组成。$LiPF_6$ 易与水反应产生氟化氢气体，氟化氢气体有毒且腐蚀性大，容易产生二次环境污染。所以对于退役后的锂电池，笔者基于长期研发和工业探究的基础上，研发了一项退役动力电池无害化处理及精细化定向分离的新技术，经过生产工业验证，该工艺成熟稳定，物料分选效果较好，具有较强的应用推广价值。

一、退役动力电池预处理工艺

当前国内外对于退役动力电池资源化回收工艺主要分为三步：第一步是

"预处理"，进行杂质的破碎分离，富集有价金属材料；第二步是"提取分离"，利用酸浸、萃取除杂，富集有价金属浓度；第三步是"产品制备"，整合湿法冶金提取的有价金属进行纯化分选，最终制备合格产品。目前对于退役电池中有价金属提取工艺技术的研究已经较为成熟，相关湿法冶炼技术可直接借鉴参考，但对于退役电池的预处理工艺研究较少，虽然也有相关的研究工作开展，主要是为了优化企业内部现有湿法工艺相关技术指标而做出的研发需要，并没有较为深入的研发过程。而预处理又是整个退役电池资源化回收的前提，决定着电池资源化回收程度，为后续湿法产品提纯提供分选原料。因此，对于退役锂电池预处理工艺过程的进一步研究，对提升产品质量、提高产品附加值、降低后端金属湿法冶炼成本都有积极的意义。

退役锂电池的预处理过程主要包括电池的拆解、放电、破碎和分选过程。退役后的动力电池可能会残余一部分电量，这些剩余电量在破碎分选过程中存在短路自燃的风险，所以在进行破碎分选之前，首先要对电池包进行放电处理。由于锂电池型号众多、构成不统一、组装工艺和技术也不尽相同，加上正极材料中铝箔与正极活性材料使用有机黏结剂的作用，采用直接处理的方式很难分离铝箔和正极活性材料。通常会采用破碎联合筛分的工艺，对退役电池包先进行破碎分离处理，以提高分选效率。目前常用的粉碎方法是干法破碎，即采用机械破碎的形式，利用电池的物理比重、类型差异，通过破碎、筛分等方式实现不同物料初步富集的过程。然而这种回收方法面临粉尘污染、有毒气体挥发、正负极活性材料和铜箔铝箔分离不彻底，产品相互混合、负极石墨粉无法单独回收等问题，存在一定的技术缺陷。

经过长期研发创新和工业生产积累，笔者开发的退役动力电池无害化处理及精细化定向分离技术打破了现有工艺技术壁垒，并拥有产品回收效率高、单组分成分纯度高和回收过程安全环保的技术优势。

1. 预处理和精细化定向分离技术

退役锂电池的资源化回收过程中，由于负极材料铜箔和石墨碳间的结合力小，经过处理后石墨碳粉很容易从铜箔上分选脱落，而正极材料因有机黏结剂的作用，再加上反复的充放电过程，使得正极材料和铝箔之间的分离过程非常困难，这也成为退役动力电池资源化回收的痛点。本工艺以锂电池各组分的物理特性和化学特性为切入点，采用选择性破碎分离和梯度高温热解技术，利用不同组分在不同粒级和温度下的比重、熔点、状态、颜色等性质差异，实现退役动力电池预处理过程中各组分材料的独立组分分选回收。

该工艺技术简要分选流程如下：待资源化回收的退役动力电池经过前期拆解处理后，将电芯放入原料储仓内，经输送带运输至破碎仓进行初步破碎分选，破碎后的物料被输送至振动筛筛分，可将一部分合格粒级正负极粉料预选出来，其余混合物料再经磁选分离去除物料中铁等磁性杂质物质；磁选后的粉料运输至高温炉内进行梯度热解反应，消除物料中电解液和有机物等物质，经高温热解后的粉料经筛分处理后可以将固体铜铝混合粉末和正负极粉末两种产品分选出来，铜铝混合物料再经传送带输送至脉动气流分选工序，即利用铜铝粉粒比重的差异单独将铜铝粉各自分离。正负极混合的电池黑粉经介质强化和气流分选工序，可以分选出正极粉料和负极石墨粉。整个回收工艺全流程设置尾气收集系统，经过高温炉反应后产生的工业废气和破碎筛分产生的细小粉末等通过布袋除尘和喷淋中和工序，可以消除生产过程产生的烟尘和有害气体的污染。

通过本项工艺技术，不仅可实现退役锂电池在预处理阶段分选出正极黑粉、负极石墨粉、铜粉和铝粉 4 种高纯度和高值化的产品，而且相关技术经济指标也远优于业界同行，其中有机物脱除率超 99%，正极材料回收率达 98.5% 以上，铜铝回收率达 99% 以上，石墨粉回收率达 95% 以上。

2. 本套核心技术创新点

本套核心技术是物料的精细化定向分离和梯度高温热解。破碎就是在机械外力的作用下，将大块物料转化为小块的过程。物料在破碎过程中，其中的有价金属成分会得到充分解离。破碎过程就是为了实现有价金属的解离，若破碎物料粒级过大，有价金属成分没有得到充分解离，则会增加后续湿法提取过程回收各金属组分的难度；若物料破碎粒级过小，物料中粉料占比较大，则会出现"过粉碎"的情况，物料的"过粉碎"也会导致后续湿法浸出及固液分离工艺分选困难，微细粒过多会增加湿法回收生产成本，降低金属回收率。本工艺则利用退役锂电池的组成成分、物料力学和化学特性属性差异，通过研究确定锂电池的破碎特性和最佳分选粒级，进而优化生产破碎设备的选型和参数调控，精准把控分选物料粒级属性，实现物料的精细化定向分离，降低正负极物料的生产损失率。

物料的精细化定向分离是预处理分选的第一阶段，经破碎后的物料残留有电解液等物质会影响后续的分选过程，同时正负极活性材料和铝箔铜箔未进行分离。所以我们采用梯度高温热解技术作为精细化定向分离技术第二阶段，可以有效解决电解液残留及正负极活性材料的分离的生产难题。

梯度高温热解是指物料长时间在高温、真空或有氧条件下，使物料中的组分发生氧化还原或分解等化学反应的过程，该过程可选择性地得到目的有价金属。在高温条件下，物料中残余的电解液和极片的有机黏结剂等物质会发生分解，降低正负极活性材料和铝箔铜箔之间的附着力，从而达到更好的分离极片中活性材料和铜铝材料的目的。本工艺采用梯度热解的方式，针对退役锂电池组成材料的化学特性，重点研究不同物质在不同温度下的热解过程，探究不同温度下物料组分的分解和转化程度，从而有效地促使物料中有机物和电解液等杂质的分解脱除和提高正负极片材料的分离效率。这种技术可以较好地减少能耗浪费，降低生产成本，同时可以防止分选后锂电池材料的过度燃烧，保证分选产品的美观和纯度，提高分选后产品的附加值，增加企业经济效益。

二、技术发展与展望

在原生矿产资源日益短缺和社会环保要求严格的背景下，做好废旧锂电池回收不仅具有良好的经济和社会效益，也是循环经济、绿色发展和可持续发展的战略要求。预处理技术作为电池回收的第一道工序，要适应市场环境下各类型、各尺寸、各型号的锂电池大规模的回收工艺，秉承绿色化学原理和安全简化的设计理念，仍然需要持续不断地进行工艺技术改进优化使回收流程变成更加高效、安全、经济。

关于动力电池循环利用闭环设计的思考

孟祥峰　宁德时代新能源科技股份有限公司　董事长助理

汽车行业碳达峰碳中和是我国实现双碳承诺的重要手段。发展新能源汽车是我国是应对气候变化、推动绿色发展的重要举措，也是从汽车大国迈向汽车强国的必由之路。截至 2022 年一季度，我国新能源汽车累计推广 1033 万辆。在新能源汽车的带动下，我国动力电池产业取得举世瞩目的进展，无论产能还是技术，均已跻身全球第一梯队，世界各大汽车品牌在全球市场均有搭载我国品牌动力电池的产品。汽车电动化后，汽车行业碳排放的重点将从使用端转向生产端，尤其是动力电池的生产，而动力电池回收和循环利用对电池的碳足迹具有重要影响，因此开展动力电池循环利用闭环设计工作具有重要意义。

一、"政府端"动力电池回收利用政策体系基本形成

我国高度重视动力电池回收工作。早在 2007 年，国家便前瞻性地要求新能源汽车生产企业服务承诺需包括动力电池回收相关内容。随后，不断完善政策体系，累计出台了 66 个政策文件，打出了一整套政策"组合拳"，形成了动力电池回收利用政策体系。依据政策出台时间和出台目的，可大致划分为以下三个阶段。

2007—2011 年：前瞻谋划阶段。2007 年左右，新能源汽车生产管理相关文件中提出了动力电池回收利用的规定。2010 年，财政部提出试点城市需建立和完善新能源汽车及动力锂电池的报废及回收体系。

2012—2018 年：集中出台阶段。2012 年，《节能与新能源汽车产业发展规划（2012—2020 年）》将动力电池回收利用列入其中。2016 年起国家发展改革委、工信部和环保部等相关部门相继出台动力电池回收利用产业专项政策。2016 年 1 月，国家发展改革委印发《电动汽车动力电池回收利用技术政策》，提出废旧动力蓄电池利用应遵循先梯级利用后再生利用的原则，提高资源利用率。

2018 年至今：基本成型阶段。2018 年，工信部等七部委联合发布了《新能源汽车动力锂电池回收利用管理暂行办法》，要求落实生产者责任延伸制

度和全生命周期管理。该规定进一步提出建立动力锂电池回收利用溯源综合管理平台。

二、"企业端"纷纷加快动力电池回收利用步伐

根据公开数据，截至 2021 年 12 月底，国内已有 173 家汽车生产及综合利用企业在全国共设立回收服务网点 10127 个，主要集中在京津冀、长三角、珠三角及中部新能源汽车保有量较高的地区。从汽车生产企业承担主体责任的角度来看，退役动力电池回收体系框架已基本形成。但由于退役电池量较低、回收渠道和流向监管不完善等因素，大部分回收网点利用率仍然较低。近年来，原材料价格的上涨，部分动力电池制造商也开始进入动力电池回收领域，但总体上还是很难收到预期的废旧电池。

三、实现动力电池循环利用闭环设计的对策建议

为积极响应国家政策号召，助力绿色低碳循环经济发展；同时，解决动力电池回收企业精准回收难度大的问题，我们建议引入循环利用闭环设计，主要的考虑有以下几点：

强化政府引导监管。一是研究制定鼓励性政策，采取税收优惠或财政补贴的方式对网点建设和回收利用企业给予鼓励，加强各方积极性。二是对随意转售、拍卖报废动力电池，不落实溯源管理的各级企业和团体，通过高额罚款，取消资质等方式进行处罚，推动市场将报废动力电池回流到有资质的动力电池回收企业。

加快标准体系建设。加快回收利用各环节标准体系建设，鼓励通过行业机构先以团体标准的方式，加快产业亟需标准规范的制修订和标准体系完善。形成行业规范，避免退役电池较流入小作坊或者非正规的灰色产业。

加强宣传教育。退役电池如不进行合理处置利用，存在触电、起火，易燃易爆等安全隐患。同时，其内部包含的镍、钴等重金属、多溴联苯、六氟磷酸锂等电解液材料等多种有害物，会对生态环境造成严重污染，对人体产生巨大危害。持续加强电池安全宣传教育工作，提升个人安全和环保意识，提高新能源汽车消费者按照国家鼓励的方向处理废旧电池。

参考文献

［1］王佳，黄秀蓉.废旧动力电池的危害与回收［J］.生态经济，2021，37(12)：5-8.

［2］史红彩.废旧锂离子动力电池中镍钴锰酸锂正极材料的回收及再利用［D］.郑州：郑州大学，2017.

［3］蒋京呈，菅小东，林军等.锂动力电池产业有毒有害物质筛查及对策研究［J］.环境污染与防治，2021，43(06)：801-806.

［4］刘诚，陈宋璇，吕东，等.废旧动力电池回收关键技术探讨［J］.中国有色冶金，2018，47(02)：44-48.

［5］LI Y，LU W，HUANG H，et al.Recycling of Spent Lithium-ion Batteries in View of Green Chemistry［J］.Green Chemistry，2021，23，6139.

［6］LU W，WANG Z，CAO H，et al.A Critical Review and Analysis on the Recycling of Spent Lithium-Ion Batteries［J］.ACS Sustainable Chemistry & Engineering，2018，6（2），1504-1521.

［7］林娇，刘春伟，曹宏斌，等.基于高温化学转化的废旧锂离子电池资源化技术［J］.化学进展，2018，30（09）：1445-1454.

［8］中国汽车工程学会.节能与新能源汽车技术路线图2.0［M］.2版.北京：机械工业出版社，2020.

［9］黄学杰，赵文武，邵志刚，等.我国新型能源材料发展战略研究［J］.中国工程科学，2020，22（05）：60-67.

［10］王彩娟，朱相欢，宋杨，等.欧盟电池新法规TBT通报的解析［J］.电池，2021，51（05）：514-516.